中国史话

近代精神文化系列

科学技术史话

A Brief History of
Science and Technology in China

姜 超/著

社会科学文献出版社
SOCIAL SCIENCES ACADEMIC PRESS (CHINA)

图书在版编目（CIP）数据

科学技术史话/姜超著. —北京：社会科学文献出
版社，2011.8
（中国史话）
ISBN 978 - 7 - 5097 - 2149 - 0

Ⅰ.①科… Ⅱ.①姜… Ⅲ.①自然科学史 - 中国
Ⅳ.①N092

中国版本图书馆 CIP 数据核字（2011）第 111388 号

"十二五"国家重点出版规划项目

中国史话·近代精神文化系列

科学技术史话

著　　者／姜　超

出 版 人／谢寿光
总 编 辑／邹东涛
出 版 者／社会科学文献出版社
地　　址／北京市西城区北三环中路甲 29 号院 3 号楼华龙大厦
邮政编码／100029

责任部门／人文科学图书事业部　（010）59367215
电子信箱／renwen@ssap.cn
责任编辑／陈桂筠
责任校对／岳　阳
责任印制／岳　阳
总 经 销／社会科学文献出版社发行部
　　　　　（010）59367081　59367089
读者服务／读者服务中心（010）59367028

印　　装／北京画中画印刷有限公司
开　　本／889mm×1194mm　1/32　印张／5.375
版　　次／2011 年 8 月第 1 版　　　字数／99 千字
印　　次／2011 年 8 月第 1 次印刷
书　　号／ISBN 978 - 7 - 5097 - 2149 - 0
定　　价／15.00 元

总　序

　　中国是一个有着悠久文化历史的古老国度，从传说中的三皇五帝到中华人民共和国的建立，生活在这片土地上的人们从来都没有停止过探寻、创造的脚步。长沙马王堆出土的轻若烟雾、薄如蝉翼的素纱衣向世人昭示着古人在丝绸纺织、制作方面所达到的高度；敦煌莫高窟近五百个洞窟中的两千多尊彩塑雕像和大量的彩绘壁画又向世人显示了古人在雕塑和绘画方面所取得的成绩；还有青铜器、唐三彩、园林建筑、宫殿建筑，以及书法、诗歌、茶道、中医等物质与非物质文化遗产，它们无不向世人展示了中华五千年文化的灿烂与辉煌，展示了中国这一古老国度的魅力与绚烂。这是一份宝贵的遗产，值得我们每一位炎黄子孙珍视。

　　历史不会永远眷顾任何一个民族或一个国家，当世界进入近代之时，曾经一千多年雄踞世界发展高峰的古老中国，从巅峰跌落。1840 年鸦片战争的炮声打破了清帝国"天朝上国"的迷梦，从此中国沦为被列强宰割的羔羊。一个个不平等条约的签订，不仅使中国大量的白银外流，更使中国的领土一步步被列强侵占，国库亏空，民不聊生。东方古国曾经拥有的辉煌，也随着西方列强坚船利炮的轰击而烟消云散，中国一步步堕入了半殖民地的深渊。不甘屈服的中国人民也由此开始了救国救民、富国图强的抗争之路。从洋务运动到维新变法，从太平天国到辛亥革命，从五四运动到中国共产党领导的新民主主义革命，中国人民屡败屡战，终于认识到了"只有社会主义才能救中国，只有社会主义才能发展中国"这一道理。中国共产党领导中国人民推倒三座大山，建立了新中国，从此饱受屈辱与蹂躏的中国人民站起来了。古老的中国焕发出新的生机与活力，摆脱了任人宰割与欺侮的历史，屹立于世界民族之林。每一位中华儿女应当了解中华民族数千年的文明史，也应当牢记鸦片战争以来一百多年民族屈辱的历史。

当我们步入全球化大潮的21世纪，信息技术革命迅猛发展，地区之间的交流壁垒被互联网之类的新兴交流工具所打破，世界的多元性展示在世人面前。世界上任何一个区域都不可避免地存在着两种以上文化的交汇与碰撞，但不可否认的是，近些年来，随着市场经济的大潮，西方文化扑面而来，有些人唯西方为时尚，把民族的传统丢在一边。大批年轻人甚至比西方人还热衷于圣诞节、情人节与洋快餐，对我国各民族的重大节日以及中国历史的基本知识却茫然无知，这是中华民族实现复兴大业中的重大忧患。

中国之所以为中国，中华民族之所以历数千年而不分离，根基就在于五千年来一脉相传的中华文明。如果丢弃了千百年来一脉相承的文化，任凭外来文化随意浸染，很难设想13亿中国人到哪里去寻找民族向心力和凝聚力。在推进社会主义现代化、实现民族复兴的伟大事业中，大力弘扬优秀的中华民族文化和民族精神，弘扬中华文化的爱国主义传统和民族自尊意识，在建设中国特色社会主义的进程中，构建具有中国特色的文化价值体系，光大中华民族的优秀传统文化是一件任重而道远的事业。

当前，我国进入了经济体制深刻变革、社会结构深刻变动、利益格局深刻调整、思想观念深刻变化的新的历史时期。面对新的历史任务和来自各方的新挑战，全党和全国人民都需要学习和把握社会主义核心价值体系，进一步形成全社会共同的理想信念和道德规范，打牢全党全国各族人民团结奋斗的思想道德基础，形成全民族奋发向上的精神力量，这是我们建设社会主义和谐社会的思想保证。中国社会科学院作为国家社会科学研究的机构，有责任为此作出贡献。我们在编写出版《中华文明史话》与《百年中国史话》的基础上，组织院内外各研究领域的专家，融合近年来的最新研究，编辑出版大型历史知识系列丛书——《中国史话》，其目的就在于为广大人民群众尤其是青少年提供一套较为完整、准确地介绍中国历史和传统文化的普及类系列丛书，从而使生活在信息时代的人们尤其是青少年能够了解自己祖先的历史，在东西南北文化的交流中由知己到知彼，善于取人之长补己之短，在中国与世界各国愈来愈深的文化交融中，保持自己的本色与特色，将中华民族自强不息、厚德载物的精神永远发扬下去。

《中国史话》系列丛书首批计 200 种，每种 10 万字左右，主要从政治、经济、文化、军事、哲学、艺术、科技、饮食、服饰、交通、建筑等各个方面介绍了从古至今数千年来中华文明发展和变迁的历史。这些历史不仅展现了中华五千年文化的辉煌，展现了先民的智慧与创造精神，而且展现了中国人民的不屈与抗争精神。我们衷心地希望这套普及历史知识的丛书对广大人民群众进一步了解中华民族的优秀文化传统，增强民族自尊心和自豪感发挥应有的作用，鼓舞广大人民群众特别是新一代的劳动者和建设者在建设中国特色社会主义的道路上不断阔步前进，为我们祖国美好的未来贡献更大的力量。

陈奎元

2011 年 4 月

⊙姜超

作者小传

　　姜超，字启凡。1938年6月出生于江苏省滨海县。1961年毕业于南京航空学院（今南京航空航天大学）飞机系，先后在781厂和914厂的设计部门从事国防产品研究与设计，高级工程师。现居甘肃省兰州市。

目 录

1

引 言

　　中国是一个伟大的国家，她有着悠久的文明史，是世界上文化发达最早的国家之一。就科学技术方面来说，除了世人皆知的四大发明以外，在农学、医学、天文学、数学、地学以及工程技术等许多方面也都曾经有着惊人的成就。从秦汉到明代初期漫长的一千多年里，中国的科学技术一直处于世界的领先地位。

　　然而，到了明代中叶，中国科学技术的发展开始停滞。虽然由于资本主义萌芽的产生，科学技术也一度呈现复苏气象，但仍然是在传统的道路上继续踯躅前行，近代意义上的科学技术，没有能够在中国这块土地上率先产生。与此同时，16世纪的西方伴随着资本主义的兴起，却发生了科学革命，出现了一批杰出的科学家，产生了近代科学技术。此后，东西方科技的发展显示出了巨大反差，距离越拉越大，中国是远远落后了。

　　纵观中国近代科学技术的发展史，我们看到，中国近代科技的产生与发展过程，就其主流来说，其实是西方近代科技在中国引入、传播并与传统科技融汇和发展的历史，是从"西学东渐"开始的。明代末年，西方传教士利玛窦等的来华是第一次西学东渐的开端。这一次的持续时间大约从明万历年间直到清康熙年间，虽然影响面相对较窄，然而却是东西方科技融汇的开端，是中国近代科技产生和发展的前奏。第二次西学东渐则始于鸦片战争前后。1840年的鸦片战争，西方列强用坚船利炮轰开了中国这个古老帝国的大门，中断了中国在传统道路上的独立发展，将中国推向了半殖民地半封建社会，从而成为中国近代社会的起点。随着西方列强对中国经济、文化侵略的强化与深入，中国人也开始向西方探寻救国图强的道路，逐渐形成第二次西学东渐的高潮。西方近代科技开始被大量引入和传播。这一时期大约从清代末年延续到民国初年。从这一时期直到20世纪中叶，是中国近代（以至现代）科技的萌芽、草创和奠基阶段。

一　在传统的道路上踯躅前行
（16 世纪末至 1839 年）

　　中国的封建社会到了晚明时期已走了下坡路。当时虽已有了微弱的资本主义萌芽，但却始终被严酷的封建专制统治所压抑着，受着上层建筑特别是封建思想意识的制约。总的来说，明清两代在基础科学方面少有建树，只是在技术方面因商品经济的需求、手工业的发展而有所前进。明末西方传教士的东来，带来了一些西方科技知识，无疑给中国科学技术的某些方面从方法上和内容上注入了若干新的活力。这不仅影响了明末清初的一代中国学者，甚至也影响了乾嘉以后的不少学者。然而由于清代的闭关锁国政策，这种中西文化交流不久即告断绝。这样，在西方近代科学技术突飞猛进的同时，中国的科学技术则是几乎与世隔绝地沿着传统道路艰难而缓慢地行进着。

明代科技状况的简短回顾

　　明代初叶，中国在科学技术的许多方面，仍然处于世界领先地位。那时候有先进的造船与航海技术，有先进的冶金技术，有性能良好的提花机、连机水碓、活塞式风箱等机械，有精密铸造和锻焊等先进的工艺技术，还有成就辉煌的木结构建筑技术，等等。

到了明代中叶以后，土地兼并加剧，阶级矛盾极为尖锐，地主阶级为强化其统治，采取了一系列措施，甚至建立了类似特务组织的东厂、西厂，使明代的封建专制统治达到了前所未有的程度。这一时期，统治者对思想意识的控制也非常严酷，程朱理学之外，稍有前瞻的思想都被视为异端。经济上的重农抑商政策，严重妨碍和限制了商业和手工业的发展。八股取士制度又把知识分子始终引入皓首穷经、坐而论道、思想僵化、脱离实际并沉迷于名利的歧途。这些都必然对科学研究和科学思想的发展造成极大障碍。因而，从这一时期起，科技的发展非常迟缓。技术方面因受上层建筑的影响毕竟要少些，仍能继续有所前进。特别是制瓷工艺技术的发展，以及在传统医学方面的传染病学和免疫学等的发展，还是值得称道的。而在基础科学方面如数学、天文学则几乎处于停滞状态。数学，在宋、元时代高度发展的代数学至明代竟成了绝学，秦九韶、朱世杰、李冶等人的杰出成就也没有多少人知道了。天文学，因明代不仅和以往朝代一样严禁民间私习天文，而且严禁民间研习历法，直接影响了天文学的发展。到明末，按元代郭守敬的方法计算的大统历以及从阿拉伯国家传入的回回历，沿用已久，误差很大，却长期未能修订，原来的一些先进计算方法这时竟已无人掌握。

明中叶以后，在中国的东南部以及长江中下游一带，由于商品经济的发展，开始产生了资本主义的萌芽，对科学技术提出了新的需求，并出现了批判封建理学的启蒙思潮。这样的社会背景使当时的学者们能够再次重视有用实学，对科学技术有了总结经验、进行探索的研究热情。因而到晚明时期科技方面重又呈现了一个发展的小高潮，同时产生了一些成就卓著的科学家。这些科学家中有对世界医药学和生物学都作出重大贡献，并著有鸿篇巨制《本草纲目》的伟大医学家李时珍（1518～1593）；有发明了十二平均率而对音律学作出了划时代贡献的朱载堉（yù，育）（1536～1610）；有集中国古代农业科学之大成的《农政全书》的作者，并主持编定过《崇祯历书》的优秀科学家徐光启（1562～1633）；有身体力行、足迹遍及半个中国的著名地理学家徐霞客（1586～1641）；有撰写了世界上第一部农业和手工业生产的百科全书式著作《天工开物》的宋应星（1587～?）。此外还有相应于明末商业数学的兴起和珠算广泛应用的代表人物数学家程大位（1533～?），以及写作《物理小识》，应用自然科学原理对哲学观点进行阐述的方以智（1611～1671），等等。但他们的科技成就从总体来看，较之差不多同时期的欧洲科学家，比如提出日心说的哥白尼（1473～1543），近代力学的建立者伽利略（1564～1642），建立解析几何学、把变量引进数学的笛卡儿（1596～1650），最早发现血液循环的哈维（1578～

5

1657）以及稍晚一些的经典力学的奠基人、微积分学创立者之一的牛顿（1642～1727）等已无法相比。因后者已突破了传统的窠臼，而开始了质的飞跃。

⨪ 徐光启、利玛窦和第一次西学东渐

徐光启（1562～1633），字子先，上海人，是晚明时期一位杰出的爱国科学家。他不仅在农学、天文学、数学等方面有着突出的成就，而且还是翻译外国科技著作的组织者和实践者，是当时把欧洲的古典天文学及数学等知识介绍到中国的第一人。他在介绍西方自然科学和提高中国科学技术水平方面都作出了卓越的贡献。

徐光启于1600年（万历二十八年）在南京初识西方耶稣会士利玛窦（1552～1610），1604年（万历三十二年）徐光启到了北京，正式向已在那里定居的利玛窦"学天文、历算、火器，尽其术"，并开始合作翻译西方科技书籍。

那个时候中国需要新的科学技术，一方面是因为资本主义萌芽的产生和发展，要求生产力有更大、更快的发展，从而为科技的发展提供推动力；另一方面则是由于明末内忧外患交迫，需要加强武备，以补偿兵力的不足，等等。而徐光启明确认识到学习外国先进技术，可以加速中国科学技术的进程。他敢于摒除偏见，虚心学习西方科学知识，并和保守势力斗争。

他认为"苟利于国，远近何论焉"。他和利玛窦一起翻译了欧几里德《几何原本》的前6卷（1607），因译书主动权在利玛窦，未能全译，他曾深以为憾。他还曾和利玛窦以及别的传教士译过其他一些科技著作，如介绍有三角学内容的《测量全义》（1631）等。在学习和翻译西方科技著作的过程中，徐光启看到了中国传统科学技术的不足。例如中国古代数学在解决实际问题和进行经验数据的运算方面与西方数学相比并不逊色，只是传统数学重视"法"而忽视"义"，即重视具体运算法则，忽视抽象的数学原理。而《几何原本》的高明之处则在"能传其义"。事实上《几何原本》中欧氏的公理体系和逻辑推理曾对欧洲的近代科学产生过重要影响，徐光启将它介绍到中国具有重要意义，对当时以及后世中国学者也是有相当影响的，即在徐光启本人的著作如《测量异同》、《勾股义》等书中，逻辑推理的论证方法也有所反映。

徐光启还曾主持过《崇祯历书》的编定。那时大统历以及13世纪从阿拉伯国家传入的回回历沿用已久，误差积累显著。本来16世纪末时改历的呼声已经很高，但因为受到保守势力的反对，一直到1629年（崇祯二年）改历方案才得以批准并由徐光启督领修历。由于当时能透彻了解传统方法的人已绝少，前此提出改历意见并对传统历法颇有研究的朱载堉、邢云路、范守己等人也已死去，因而《崇祯历书》的编定（徐光启死后第二年由李天经继之完成）是以翻译过来的"西法"为主。该历书的编修过程也正是将欧洲天文学吸收和融合到中国天文学中来的过程。徐光启在《崇祯历书》的"法原"部分（即天文学理论部分）下了很大工夫，试图将历法计算建立在比较系统的理论基础之上，他的努力使中国传统天文学向近代迈进了一大步。

和徐光启一道与传教士们共同译书的还有李之藻（1565～1630）、李天经（1579～1659）、王徵（1571～1644）等人。这时期的重要译著除前述《崇祯历书》（徐光启、李天经先后主编，1634）、《几何原本》（利玛窦、徐光启译，1607）之外，数学方面还有有关几何学的《圆容较义》（利玛窦、李之藻译，1614），有据克拉维斯和程大位的著作译编而成的中西融汇的著作《同文指算》，这也是中国介绍欧洲笔算的第一部著作（李之藻，1614）。物理方面的有《远西奇器图说》（邓玉函口授、王徵笔录，1627）等。人体解剖及生理学方面的有《泰西人身说概》（邓玉函译述、毕拱辰润定）、《人身图说》（罗雅各译）。其他还有有关采矿冶金、军事技术、地图学方面的一些书籍。

徐光启学习和介绍西方科技是想通过中西"会通"而"超胜"、"以光昭我圣明来远之盛"，并形成中国自己的科学体系。他为此还制定了一个"度数旁通十事"的宏伟规划，应该说是有远见卓识的。虽然有人评论他想用西学"补益王化"，思想上有一定局限性，对中国科技的认识也有偏激的地方，还存在对西方科技的盲目吸收、全盘接受的缺点，但瑕不掩瑜，在那个时代，他的敢于冲破旧传统、热心追求新事物的精神与品格是十分可贵的，正是他和利玛窦为西方科技的传入开了先河。

再说利玛窦（Matteo Ricci，1552～1610），他是意大利人，是受西方天主教会的一个分支——耶稣会的派遣于1583年来到中国的。当时许多耶稣会士作为商业资本的先遣队和教会势力的拓展者，被派到世界各地活动。当他们来到中国后，发现凭借当时欧洲各国的武力还远不足以打开中国的大门。于是他们改变了策略，采取文化和宗教活动的形式。他们看到当时的中国由于社会发展的需要，对科学知识有极大兴趣，就派出了一批经过训练的，有各种科学知识的会士来中国活动。利玛窦的来华就是他们先遣活动的一部分。利玛窦曾在罗马神学院学习，并受教于著名数学家克拉维斯等人，掌握了多方面的科学知识。来中国后，他努力学习中国文化，了解中国的民俗，并通过介绍西方学术文化的手段，打开宗教活动的通道。1601年他定居北京并结交了徐光启和李之藻后，开始了译书活动。

那时，耶稣会士们一方面传入了西方的科学文化，另一方面也将中国的科学文化介绍到西方，对西方的社会和科学发展起了一定的推动作用。他们来华的活动是为特定的政治目的服务的，因而也竭力控制西方科技知识的"传播权"。由于一些主客观原因，他们并没有传播当时西方最先进的科学知识，当然也不会把与他们教义相违背的哥白尼等的先进思想与学术成就介绍到中国。但即以天文学而论，他们介绍来的第谷的几何体系天文学，无疑对中国当时已严重停滞的代数系统天文学注入了活力。加上数学上已从西方介绍来了几何学、八线表（三角函数表）、对数表、借方根（代数学）、割圆法等，对清代前期至以中期的天文学与数学的发展起了相当重要的影响。不管他们的主观意图如何，历史却使他们成了东西方文化和科技交流的中间人。

与利玛窦先后来到中国的传教士还有意大利人龙华民、罗雅各、艾儒略，德国人汤若望，比利时人南怀仁，法国人金尼阁，瑞士人邓玉函。到清初康乾时代，又有波兰人穆尼阁，德国人戴进贤，法国人蒋友仁，等等。比较知名的有 70 余人，一般都有译著，而有关科技的为 120 种左右。这样，从徐光启、利玛窦的工作开始就形成了第一次西学东渐的潮流。这个潮流到了清初，因康熙皇帝个人对自然科学的爱好又持续了一段时间。但到了 1723 年（雍正元年），雍正皇帝禁绝除钦天监以外的传教士在内地的活动之后，也就基本平息了。

8 西学东渐影响下的清初科技

清代无论在政治制度上，还是在经济、文化政策上都大体继承了明代的统治衣钵。更由于清代统治者是以社会形态较为落后的少数民族入主中原，怕汉族人起来反抗，因此手段更加残酷，某些方面也更加保守。政治上，清初时统治者曾不遗余力地血腥镇压了各种反清势力，采取了一系列强制归顺措施，并进一步强化了君主集权制。经济上，对内依然是"崇本抑末"，即重视农业，抑制工商；对外实施海禁，推行比明代还要封闭的锁国政策。文化上，清代统治者继续以科举取士制度笼络知识分子，崇尚宋明理学且鄙薄技术，并对知识分子实行严密的思想禁锢。

作为统治者来说，清王朝有其成功的一面，但其专制主义的政策、措施也必然带来严重后果。对东南地区的残酷镇压，严重摧残了当地的资本主义萌芽，并使清代差不多用了近一百年的时间，即到清代中叶才使手工业等重又恢复到明代中叶的水平。重农抑商与海禁限制了商品经济的发展，使海外贸易萎缩，失去了世界市场，也使手工业缺少发展的资金与动力。清代中叶有所发展的商品生产仍是建立在自给自足的小农经济的基础上，复苏的资本主义萌芽长期处于幼弱状态。以上这些当然都极大地阻碍了科技的发展。

然而清代初叶，即 1644 年到 1760 年左右这一时期，却又是一个科技发展相对顺利的时期。这时，统治者需要科学技术为其统治服务，也曾经做了一些有利于科技发展的事，使适应其政治需要的某些方面的科技有一定发展。

当时，明代的许多著作被禁。徐光启、宋应星等因是明代官员，他们遗留下来的宝贵科技著作也均在禁止之列。同时有许多汉族学者也因排满情绪拒绝出仕，一时科技方面颇为冷落。清统治者于是任用了许多传教士在科技上为其服务。康熙年间，因皇帝个人对自然科学的爱好，促成了更多西方科技的传入，使始于明末的西学东渐潮流进入了一个高涨时期。在此影响下，中国的科学技术又呈现了复苏气象。但由于这些科技活动要受政治需要的限制，统治者还忌讳汉人与传教士的接触，因而当时的一些科技成果和许多西方科技知识最终成了宫廷垄断的专利品。

在这一时期，传教士们带来的西方科技，有些被搁置起来。如火器制造技术（其中关于火药配方的介绍我国古已有之，其实是故物还家）。传教士们帮助制造的火炮在平定三藩以及抵抗沙俄侵略时还发挥过很大作用，至康熙中期，因无军事需要，便不再受到注重。如采矿技术，因明代和清代统治者怕人民"聚众闹事"，私人开矿受到极严格的限制，传统技术也无以发展，当然更不需要什么外来技术了。又如西方人体解剖与生理学，康熙皇帝虽曾请传教士为其讲授过，但为维护封建传统道德和其自身统治利益的需要，经传教士译成满文的解剖学著作也就秘藏高阁而仅供御览了。而有些门类的科技，特别是像天文学和数学等，则经过一些中国学者的努力被接受、吸收，并在不同程度上促进了中国科技在这方面的发展。我们且来看一看这方面的主要情况。

天文学

这方面的主要工作体现在对历法的修订，这还得从《崇祯历书》说起。该历书的修编由徐光启、李天经先后"主其事"，还有李之藻以及传教士龙华民、邓玉函、汤若望等先后参与。从 1629 年（崇祯二年）到

1634 年（崇祯七年）经 5 年完成，共 137 卷。该历书采用丹麦天文学家第谷的体系，以地球为宇宙中心，月、日、恒星均绕地球转，而五大行星则绕太阳转，是介于哥白尼日心系与托勒密地心系之间的折中体系，当时在西方已落后了。但因《崇祯历书》中采用了哥白尼、第谷、伽利略、开普勒等人的天文数据与成果，引进了较好的计算方法，历法推算的精度还是高的。因明王朝不久灭亡，该历书编定后并未能实行。清初，参与编修《崇祯历书》的传教士汤若望将它稍事修改，改称为《西洋新法历书》献给了顺治皇帝，并成为 1645 年（顺治二年）颁行的《时宪历》的蓝本。此历曾经受到保守势力的竭力反对，几经曲折，直到 1669 年该历所代表的西法终于在中国天文学的发展中确立了位置。这时清政府更加依赖传教士，钦天监长期为其把持，形成技术垄断。此后于 1722 年（康熙六十一年）完成了《历象考成》一书，对《西洋新法历书》作了修订，在理论阐述与逻辑结构上都有进步，但仍为第谷体系。后来因 1730 年（雍正八年）的六月初一日食预推与结果不符，又由清代著名数学家、天文学家梅文鼎的孙子梅瑴成（1681～1763）以及明安图、何国宗等人与传教士戴进贤对《历象考成》进行增修，成《历象考成后编》。此时戴进贤不得不在书中介绍了开普勒的行星运动第一与第二定律，但采用的还是地心系，因而这开普勒定律是被颠倒了的。再往后 1752 年的《仪象考成》就完全是中国学者自编的了。

　　清代初年还制造了大量中西结合的天文仪器，采用了西方 60 进制度量标准，并达到了比较高的水平。这项工作先后有汤若望、南怀仁等传教士主持或参与，是有成绩的。但后来也有一个叫纪理安的传教士，于 1715 年（康熙五十四年）借口造一个华而不实的地平经纬仪，竟然把观象台的宝贵文物——元代王恂、郭守敬等设计制造的简仪、仰仪等作为废铜销毁了。这是科技史上一件很令人愤慨的事。这期间清政府还进行过几次大规模的天文观测，特别是乾隆年间，从 1744 年到 1752 年进行的一次最为重要，其后编成了当时世界上记录恒星数最多的恒星表。

　　由于清代并不禁民间研习天文历法，一时也出现了不少人才。清初杰出的天文学家王锡阐（1628 ~ 1682），字寅旭，号晓菴，江苏吴江人。他不仅深入地实事求是地研究了中西天文学说，而且加以实践，亲自进行了天文观测。他既反对崇洋又反对守旧，他有力地批评了当时西法的缺陷，也对前朝的《授时历》、《大统历》的缺点做了研究。他于 1663 年写成的《晓菴新法》中，吸收中西法两者的优点，并作出了许多创造性的贡献。比如他独立地发明了计算金星、水星凌日的方法，提出了精确计算日月食的方法等。还有梅文鼎（1633 ~ 1721），字定九，安徽宣城人，在天文方面也有不少成就。他参考了 70 多种古代文献，编成《古今历法通考》，是中国第一部历算学史。他还对中西历法的比较研究、融会贯通做了不少工作。

数学方面

梅文鼎在数学方面有很突出的成就。当时西方数学虽已传入，但解法并不清楚。梅文鼎研究了当时流传的初等数学的各个分支，诸如代数、球面三角、几何等，范围十分广泛。他对中国古代数学特别是宋、元数学的光辉成就也给予了高度重视。他认为科学研究应不分中西，"技取其长而理唯其是"。他本人学贯中西，著述甚丰并多有创见，对古代数学的发扬、西方数学的移植均有所贡献，对于清代数学发展起了很大推动作用。后来，康熙曾令梅瑴成等编修《律历渊源》，该书共分《数理精蕴》、《仪象考成》以及《律吕正义》三个部分，其中《仪象考成》即以梅文鼎的著作为基础编成。

《数理精蕴》是当时一部带总结性介绍西方古典数学知识的百科全书，以传教士张诚、白晋给康熙帝讲授的教材为基础，其中也有李之藻、梅文鼎等人的成果，如其中方程部分即取法于梅文鼎的著作。该书包括算术、几何、代数、三角等多个方面，还附有对数表和三角函数表，并介绍了计算尺等，代表了当时中国数学的最高水平，对后来的数学发展产生了重大影响。

这一时期值得一提的还有年希尧的《视学》，书中系统地讲述了中心投影和平行投影原理，还有三视图的画法，是中西融合的当时世界上最好的一部画法几何著作。此外，明安图的级数研究也有独到的地方。他所著《割圆密率捷法》在方法上把中国二等分弧和西方三等分弧统一了起来。

其他方面

清初完成的还有一项重要工作，就是进行全国地图的测绘。1708 年（康熙四十七年）至 1718 年（康熙五十七年）测绘了除新疆哈密以西外的全国广大地区，绘成了《皇舆全图》。1756 年（乾隆二十一年）又完成了新疆哈密以西地区的测绘工作。这是当时世界上规模最大的大地测量。为统一在测量中使用的长度单位，规定了本初子午线和经纬度的弧长，这种以地球的形体来定尺度的方法为世界首创。测量中还发现纬度越高，每度经线的直线距离越长，实际上为牛顿地球扁圆说提供了证据。这两件事都是很了不起的。然而，当《皇舆全图》绘成后却被深藏于内府，未能对中国地图学的发展及时发挥其应有的作用。

在机械制造和光学技术方面，清初扬州的黄履庄受传入的西方科技影响，曾创制仿制过多种自动机械和仪器，如机械自行车、望远镜、显微镜、温度计、探照灯等。其中机械自行车应是我国最早的自行车辆，探照灯也是他的重要发明。还有苏州的孙云球，曾以水晶为材料，手工磨制远视和近视眼镜，还制造过望远镜、察微镜、多面镜、放光镜、幻容镜等七八十种镜子，"巧不可思议"。他还写过《镜史》一书。可惜的是当时在小农经济基础上的手工业生产缺少对新的科学技术的需求，他们的发明创造和著作同那个时代许多进步的科技思想与发明创造一样，只是自生自灭，至多不过迸发出一些微弱的火花，随即湮灭在封建社会的漫漫长夜中了。

4 清代的思想禁锢与乾嘉学派

清代中叶，即从乾隆中期以后至鸦片战争前这一期间，科技的发展和清代初叶又有很大不同，这一时期主要表现是受复古思潮的影响。而这思潮的产生，我们还得从清初说起。

前面说过，清代对于知识分子的思想禁锢是十分严酷的，在科举制度的束缚之外，还接二连三地实行多种思想禁制。在康熙、雍正、乾隆三朝，为镇压汉族知识分子中的反清情绪，大小文字狱竟多达120余次，每次都株连多人，具有进步思想的学者多受摧残。统治者还多次毁书禁书。在编修《四库全书》的过程中，更以发展文化事业为名，行毁书禁书之实。据统计，从乾隆三十九年到四十六年的8年间（1774～1781），仅浙江一省就禁毁书籍24次共13862部之多。而明代许多优秀科技著作往往因作者的关系亦遭禁毁。

对于外来文化与科技的传播，清初曾有过一段相当活跃的时期，但事实上统治者对科学技术和国家富强之间的关系并无认识，一切都从属于统治利益的需要。在统治阶层中，在维护儒学正统的背景上骄矜自大、盲目排外的思想倾向始终存在。清初就有杨光先于1664年（康熙三年）因反对西洋历法而兴历狱，他竟提出"宁可使中夏无好历法，不可使中夏有西洋人"的荒谬主张。到了1723年（雍正元年），因政治及文化的因素，雍正皇帝赶走了除钦天监以外的传教士，关上了国门。从那时起直到鸦片战争爆发的百余年间，基本上关闭了原本狭窄的也是唯一的东西文化、科技交流的渠道。1773 年罗马教皇解散了耶稣会，而第二年在中国钦天监工作的最后一个传教士蒋友仁死去，西方科技的传入也就完全中止了。

这样内部的禁锢、外部的隔绝导致清代在思想文化的发展上出现了比明代还要黑暗的局面。在这种状况下，也就是说在残酷的专制统治下与罗织严密的思想牢笼中，知识分子们还能够做些什么呢？他们失去了思想言论自由和广阔的学术研究空间，被迫走上了考证古典文献这条比较保险的道路。加之雍、乾年间，统治者在实行高压恐怖政策的同时又采取笼络政策，曾两次组织编写大型丛书——《古今图书集成》和《四库全书》，以吸引广大汉族学者。在选编古代书籍时，还把不利于清代统治的著作列为禁书。如此有意识地引导，终于造就了始于清初，形成于乾隆中期，盛行于乾、嘉两朝的考据学派——乾嘉学派。

乾嘉学派在整理古籍和继承文化遗产方面成绩颇佳。有人将他们的工作总结为校勘、辑佚、辨伪等三个方面。他们整理的典籍中的科技专著以及包含在经、史、子、集中的各种科学知识，经过他们的发掘、整理、注疏，得以保存、流传、继承。他们这方面的工作，主要有李锐对古代历法的研究，戴震对《水经注》等的校注，以及焦循对《易经》的注疏，等等。而已经失传了数百年的古典数学名著《九章算术》（经过刘徽、李淳风注释，戴震整理复原）、刘徽的《海岛算经》以及宋、元时期代表了中国古代传统数学最高成就的秦九韶的《数书九章》，李冶的《益古演段》等也都经过他们的辑佚而得以重新"发现"。这些一度被埋没和遗忘了的古代数学理论的发掘，对从当时到19世纪初叶呈现的中国数学的复兴起了重要作用。

乾嘉学者们在治学态度和研究方法上显然受到徐光启、利玛窦和他们传入的西学的影响，也受到明末学者考据（证）学开创者之一的顾炎武的创新、求证、"经世致用"的科学精神的影响。他们在治学态度上严谨认真、实事求是、一丝不苟、尽本穷源，在研究方法上采用比较、分析、归纳的逻辑方法，都是值得称道的。此外，乾嘉学者中的一些人对于明末清初传入的西学也同样表现了一定的兴趣，比如对天文学及数学的某些方面所进行的研究，这点我们可以从李锐、焦循、汪莱等人的著作中看到。他们所做的有益工作是中西文化融汇、交流的历史链环中的一部分。

然而总的来说，由于乾嘉学派陷入了繁琐的单纯考据中，"湛溺于训诂考订之间"，在故纸堆中讨生活，从事钻牛角尖的学问，同时在封建专制主义淫威逼迫下，大多数人也早已丢掉了顾炎武等的"经世致用"的主张，更缺乏创新，因而在学术上基本上是原地徘徊。他们代表的是一股复古思潮，虽然有人认为是对宋明理学的反动，终因其脱离实际、因循守旧而成为科技前进的阻力。

保守中落后、封闭中探索

清代中叶，乾嘉学派的复古思潮成了学术的主流，当时绝大多数人不是去做"经世致用"的学问，只是把典籍作为研究对象，因循守旧，无所作为。在保守、闭塞的环境中，少数有为的学者沿着传统道路在摸索中前行，也取得了一些成就。但整个科技的发展异常缓慢，到鸦片战争前夕，与同期在科技上突飞猛进的西方相比，已是不可同日而语了。

这一时期的科技也有值得一说的地方，比如传统医学、数学与物理学以及手工业技术的某些方面的发展。

传统医学

这一时期传统医学的特点是，一方面发展了传染病学，即因温病学的崛起形成了伤寒与温病两个学派并驾齐驱的局面，并在本草学与解剖学方面也取得不少成就。另一方面由于明代以来的尊经崇古思想特别是乾嘉学派影响所致，在传统医学界一样存在皓首穷经、注疏发挥、繁琐考证、以今证古的风气，成为影响传统医学进一步发展的极为不利的因素。

温病学起于明代，兴于清中叶，代表人物有叶桂（1667～1746），字天士，江苏苏州人，是温病学派创始人，著有《温热论》，从理论上概括了外感温病的发病途径和转变，并将病变分卫、气、营、血4个阶段辨证论治，即所谓卫气营血辨证。吴瑭（1736～1820）

字鞠通，江苏淮阴人，著有《温病条变》（1798）。王
士雄（1808～1867），字孟英，浙江海宁人。他们系统
总结了前人的成就，使温病学派达到了成熟阶段。从
此，温病学成了中医学的一个重要组成部分。

本草学方面，有杰出的医学家赵学敏（约 1719～
1805），字衣吉，浙江钱塘人，有著作多种，本草方面
有《本草纲目拾遗》（1765），对民间草药作了广泛的
搜集整理，全书共收载药物 921 种，较《本草纲目》
新增加的就有 716 种，大大丰富了我国的药学宝库。
他还认识到植物与环境的统一性，具有一定生物进化
观点。还有吴其濬（1789～1847），字论斋，河南固始
人，所著《植物名实图考》是一部药物图谱类著作，
共收载植物 1714 种，较《本草纲目》新增 519 种。该
书有精致准确的绘图和实地考察的验证，图文并茂，
内容丰富，科学性强，还订正了一些本草学家的错误。

特别应当提到的是王清任（1768～1831），字勋
臣，河北玉田人。他对解剖学和医学思想的发展作出
了贡献，著有《医林改错》一书。他通过到荒坟、刑
场的认真观察和亲自进行动物解剖作比较，纠正了前
人关于人身脏腑认识上的不少错误，并十分强调"明
脏腑"对医生治病的重要性。他的勇于探索的精神在
当时是很可贵的。

数学

明末清初传入的西方数学，对中国的数学产生了
一定的影响，比如西方数学的代数学符号系统、几何
学演绎体系、变量数学的思想方法等弥补了我国传统

数学的不足，这些并经过清初一些学者对传统数学与西方数学融会贯通的努力，对中国数学的发展起了促进作用。乾嘉学者对我国古代数学卓越成果的重新发现，更促成了这一时期数学的复兴。这一时期中一些学者在发掘整理古代数学的同时，对于传统数学和西方传入的数学也进行了研究，并获得一些成果。这方面的前期代表人物有被称为"谈天三友"的焦循、李锐和汪莱。

焦循（1763~1820）字理堂，江苏甘泉（今扬州）人，他曾提出许多条算术基本运算律。汪莱（1776~1813）字孝婴，安徽歙县人，主要研究了球面三角和方程理论。在方程论方面他讨论了多正根与无正根的高次方程。李锐（1776~1817）字尚之，江苏元和（今苏州）人，他发展了汪莱的方程理论。他发现方程可能有负根，讨论了方程的次数与实根个数间的关系。他的数学研究，虽是从古代数学出发，但在一定程度上突破了当时复古思潮的束缚，因而取得了相当的成就。此外，李锐还在数学史方面参与了阮元主编的《畴人传》（一编）的工作。

19世纪初，董祐诚、项名达、戴煦等通过级数的研究得到了一些相当于微积分的结果。

董祐诚（1791~1823）字方立，江苏阳湖（今常州）人。他研究了法国人杜德美在康熙年间传入的三个级数和明安图自创的六个级数，用明安图创立的连比例方法通过圆中的弧与矢找到四个幂级数，而由之可推出前述九个幂级数，当时他已有了鲜明的微积分思想。项明达（1789~1850）号梅侣，浙江仁和（今杭州）人，他把董祐诚的四个幂级数又概括成两个。他还提出了椭圆求周长的方法。他的代表作是《象数一原》，惜其生前未能完成，是由戴煦续成的。戴煦（1805~1860）字鄂士，浙江钱塘（今杭州）人。他将项明达的"椭圆求周"补充了图解法，他们的结果和用微积分求得的结果一样，思想也与微积分思想相同。那时三角函数有八个，称"八线术"。从明安图到项名达只是对正弦、余弦、正矢、余矢（后二者现代已不用）作"割圆连比例"研究，进行幂级数展开，戴煦则对正切、余切、正割、余割四个函数展开了系统研究，用级数表达了它们与弧度的对应关系。戴煦还对对数进行了研究，所得对数函数幂级数展开式与1667年麦卡托对数级数相同，虽落后了近200年，但这都是他独立得出的。董祐诚、项名达等特别是戴煦的工作，在没有接触到西方高等数学的情况下使传统数学向近代数学跨近了一步。此一时期还有李善兰的尖锥求积术，和项名达、戴煦的椭圆求周术一样，提出了以级数展开式表达定积分的方法。他的卓越成就我们还要专门谈到。

天文学

这一时期对古代天文资料的整理做了许多工作。还在清初，梅文鼎在研究《授时历》时发现，该历其实是历代历法许多内容的继续，曾发愿对历代历法作系统研究，未能成功。李锐受梅文鼎的影响，也曾打算将古六历作一系统研究，虽未成，但他完成了三统、四分、乾象三历的注释和奉元、占天历的部分注释，为后人的研究带来很多方便。其后，19世纪初叶有汪曰桢的《历代长术辑要》，将自西周共和年起到清初共2500余年的时间，各用当时历法算出朔闰时刻。该书是后来历史年代学研究的重要参考资料。

物理学

在西学东渐影响下，清代在物理学主要是光学领域有进一步发展，在光学理论和光学仪器制造方面取得了一定成就。我们在前面提到过清初的孙云球、黄履庄创制过不少光学仪器、器具。到清代中叶则有郑复光、邹伯奇等人对光学的研究。郑复光（1780～?）字元甫，安徽歙县人，他注重实验研究，善于融会贯通中西光学。他著有《镜镜泠痴》（1847）一书，集当时已传入中国的西方光学和中国古代光学知识的大成，是中国最早的一部专门论述几何光学理论的著作。书中重点论述了几种凸凹透镜成像理论问题，许多是他的独特研究成果。此外还论述了光学基本原理和对当时已知的各种仪器的分析和描述。邹伯奇（1819～1869）字特夫，广东南海人，著有《摄影之器记》和《格术补》两书，书中记述了他对"摄影器"的研究及凹凸透镜、镜组、望远镜的结构和成像原理等。他毕生从事光学实验和各种光学仪器的制造，是中国照相术的最早研制者。他于1844年制造的"摄影器"是一种相当于照相机的光学仪器。邹伯奇在数学方面也有著述数种，如对戴煦幂级数展开式等的进一步探讨和扩大其应用的《乘方捷法》等。

其他

清代这一时期的农业和手工业同以前一样，世代沿袭，表现为传统技术的继承和发展。清代在制瓷、纺织、印染技术等方面较前又有前进。制瓷技术，明代是其黄金时代，达到了很高水平，纯白透亮明快的精制白釉，"釉上彩"或"釉下彩"的彩瓷以及各种鲜丽明快的单色釉早已享誉海内外。清代制瓷技术又有新成果，出现更多品种的单色釉。雍正彩盘，经鉴定白度已超过75％，烧成温度已达1310℃，瓷质已达到现代硬瓷标准。而各种仿古瓷器、人工"窑变"、素三彩、五彩和粉彩、珐琅彩都很有名气。清代纺织技术也略同于明代，江浙一带丝绸生产仍很发达。南京、苏州、杭州是比较集中的地区，官方亦沿袭明代的做法在此三处设织造局。而民间机户则比比皆是，甚至有织机五六百台、织工三四千人的大型丝织工场。印染工业在苏州、扬州等地盛极一时，特别是"苏印"，生产规模相当可观。当时能作色彩鲜艳的五彩套色印花，而采用油纸漏印技术的蓝印花棉布已遍及全国城乡。

二 从"师夷长技"到"中体西用"（1840～1894 年）

进入 19 世纪以后，清王朝政治日益腐败，劳动人民生活日益贫困，阶级矛盾也日益尖锐，整个封建制度已危机四起，日薄西山。这时，西方资本主义国家正积极向外扩张，地大物博而日益落后的中国，很自然地成了它们觊觎的对象。1840～1842 年的鸦片战争，英国用"坚船利炮"打开了中国关闭已久的大门。从此，西方资本主义各国从军事上、政治上、经济上、文化上对中国全面入侵，一个接一个的不平等条约给中国戴上了重重枷锁，使中国陷入半殖民地半封建的社会，中断了在传统轨道上的独立发展。

从 19 世纪初起，传教士的再次东来，揭开了第二次西学东渐的序幕。他们通过传教、行医、办学，也传播了一些西方近代科学知识。鸦片战争后，西方文化与科技则随着战争的血腥与硝烟滚滚东来，在复杂的背景下，以多种方式、不同渠道开始大量传入：或由资本主义列强的经济掠夺与文化侵略带来；或因爱国志士求强图存、振衰起弊的愿望去主动学习。清王朝统治集团中的一些人，由于在西方"蛮夷小国"面前屡战屡败，又受到太平天国农民起义的沉重打击，也企图通过洋务运动以挽救其日趋没落的命运。于是在 19 世纪后半叶形成了第二次西学东渐的高潮。虽然当时社会上也一直存在着"新学"与"旧学"亦即国外传入的资产阶级文化与旧有的封建文化的斗争，但西学东渐的趋势已不可逆转。从科技方面来说，从这一时期起西方近代科技开始大量引入、传播并与传统科技相融汇，从而使中国科技走向世界化。这一时期是中国近代科技的启蒙阶段。

1　林则徐、魏源开眼看世界

早在鸦片战争前，清代许多具有进步思想的知识分子面对腐败的朝政、沉闷的学术空气和资本主义侵略者的狼子野心，就已提出改良朝政的主张，希望改变这种"万马齐喑"缺乏生气的局面。当时主张"通经致用"、提倡"经世之学"的龚自珍、林则徐、魏源等人就是这批知识分子的代表。

鸦片战争中大清帝国军事上的严重失利震撼了朝野，侵略者的大炮激发了以林则徐、魏源等人为代表的爱国志士。他们进一步提出向西方学习的主张，总结战争失败的教训，唤醒中华民族，形成了我国早期的改良主义思潮。

林则徐（1785～1850）字元抚，又字少穆，福建侯官（今福州市）人，清末政治家。他在当时士大夫阶层中是一个思想先进、头脑清醒的人。他的禁烟、抗英，"苟利国家生死以"的爱国精神是我们所熟悉的。这里需要指出的是，他不仅有许多改良政治的主张，而且在从政过程中也很重视科学技术。即以水利建设为例，他在1837年组织修华亭、宝山海塘时，就曾应用了挑水坝及拦水坝等技术，取得良好效果。在他被革职悲愤地离开反侵略前线来到新疆后，于1845年左右也还能注意考察哈密、吐鲁番等地的坎儿井，并大力加以提倡。1839年禁烟时，他是做了充分准备而满怀信心的。他积极筹划海防，"刺探西事"，还组织翻译了英国人慕瑞的《地理大全》，取名《四洲志》，并注意收集、研究有关外国火器与兵船的资料等，思想意识是很开放的。

魏源（1794～1857）字默深，湖南邵阳人，清末思想家、史学家和文学家。在林则徐遭贬流放后受其嘱托，根据林则徐给他的《四洲志》加以扩充，于1842年编成《海国图志》50卷出版。1846年魏源再次将该书加以修订，增加了轮船、机器各图说，1847年增至100卷，还收录了郑复光著的《火轮船图说》，重刻于扬州。《海国图志》是当时中国以至东方的人们了解西方的一部最为完备的书，对日本的明治维新也产生过影响。在该书的序言中，魏源提出了著名的"师夷之长技以制夷"的主张，并号召人们"博采西学"、"购求异域之书，究其情事……著之于书，正告天下，欲吾中国之童叟皆习见习闻，知彼虚实，然后徐筹制夷之策"。这就是要学习西方擅长的科学技术来抵抗西方的侵略。魏源并指出"夷之长技有三：一战舰，二火器，三养兵练兵之法"，以作为学习的目标。

同期，基于类似的想法，介绍西方概况及科学技术的书籍还有不少，举其要者有丁拱辰于1841年写成并呈献当局的《演炮图说辑要》、徐继畬的《瀛环志略》（1848）等。

林则徐、魏源等人的开放意识可以说是中国近代先进的知识分子在长期锁国、闭关自守、复古崇经之后，抬起头来开始正视西方的最初觉悟。然而由于时代的限制，他们还不可能充分看到中国全面落后的形势，他们的主张也并没有从根本上触及封建制度。尽管如此，这种主张还是不能为当时的上层人士所接受。妄自尊大、一贯以天朝上国自居的清朝统治者们当然不屑于去向"蛮夷之辈"学习。魏源等人的主张也就不能成为国策，但他们的思想对后来的洋务运动无疑有着相当重要的影响。

❷ 太平天国的科技与洪仁玕

随着民族矛盾和阶级矛盾的日益激化，1850年秋，太平天国革命于广西桂平的金田村爆发。在战火的熏陶下，太平军战士——这些昔日的"卑贱者"的创造力得到了空前的发挥。他们在军事工程方面的建树很值得一书。

早在进攻桂林之役，太平军中的少数民族战士就制造了"高与城齐"的攻城器具吕公车，使守城之敌闻风丧胆。进攻武昌时,统率太平军水师的老水手唐正才受命利用征发和缴获的船只修建了两道跨越长江的浮桥,桥宽丈余,临流下有铁锚,人马来往,如履坦途。是为中国建桥史上前所未有的壮举。

当太平天国定都南京后,其占领区的农业、气象以及医药科技等方面也都有较好的发展。

1853 年下半年,太平天国颁布了《天朝田亩制度》。虽然这一《制度》由于其空想性并没有得到实行,但太平天国所采取的一系列政策措施还是在相当程度上改善了广大农民的生产和生活条件,因而激发了农民的生产积极性,促进了天朝辖区内农业生产和农业科技的发展。据英国传教士艾约瑟等对苏州地区农耕状况的描述,太平军占领区的农民不仅没有因战乱影响而荒废农田,而且仍然坚持了轮作复种、一年两熟的种植制度。由于太平军占领区有着较高的耕作水平,所以它的收获较清政府属地"丰厚数倍"。

在历法与气象方面,太平天国在 1851 年占领永安后,即由冯云山创制新历,废除旧历。新历亦称天历,于戎马倥偬中诞生,开始并不十分完善。天历规定每年单月 31 日,双月 30 日,一年长度为 366 日。直到 1859 年,洪仁玕(gān,干)到天京后对其进行修改,规定 40 年一斡,斡年每月 28 日,才使得平均年长度成为 365.25 日。这和四分历或儒略历相当,并不是先进的。但天历的重要特点是整齐简明,在满足农业需要上也已足够。太平天国在历书中更删去"吉凶禁忌"的封建迷信思想,1860 年起还据南京等地物候站的观

测记录，在历书中附上《萌芽月令》，即物候变化以及
农业生产知识。虽然这是针对天历节气后天而采取的
一种补救性措施，但对加强农业生产确是一大革新。
而据 1861 年天王诏旨，天历用物候定节气，要据长时
间的观测记录，每 40 年进行核对修改，充分表明了它
的审慎、负责的科学精神。太平天国在定都南京后，
还进行天气预报，通过挂牌向群众报告，由于预报通
常很准，颇得群众信任。太平天国还重视对风的观测，
在班船上及机关、衙门均设有风旗，专簿记载，进行
群众性观测，这也是前所未有的。

　　太平天国对于医学也很重视。太平军若干重要将
领如赖汉英等本身就是有名的医生。金田起义初期军
中就设有医务人员，定都南京后，典章制度更加完备，
在政府系统与军队系统中都分级设有医药卫生机构，
各自形成相当完整的体系。天朝并广泛实行公医制度，
天朝辖区，无论军内还是百姓，所有的伤残病者一律
由政府提供免费医疗服务；还曾免费为居民施种牛痘，
预防天花，开辟了近代全民免疫接种的先例。

　　最后应当说一说太平天国领袖人物之一，1859 年
后总理政事的干王洪仁玕（1822～1864）。他曾受过西
方科学思想影响。1859 年下半年他向天王洪秀全陈奏
了《资政新篇》，主张革新政治，学习西方科技，发展
资本主义经济；提出发展近代交通运输和通信，兴办
银行，保护工商业，奖励科技发明，保护专利权，鼓
励私人资本开矿，准许雇佣劳动，欢迎外国人前来传
授工艺技术等许多重要建议。而他本人在科技方面除

前已提及修订天历等工作之外，对天朝医疗制度的建立尤多贡献。他曾在天京创办了第一所中西合璧的近代医院，并亲自加以主持。虽然太平天国革命还不是先进的资产阶级革命，它的科技成就还主要是从传统出发的，但洪仁玕的主张显然比魏源等人又要前进一大步。然而，他的主张并未能实现，不久太平天国革命就在内外反革命势力的合力围剿下失败了。

8 洋务运动与近代工业企业的产生

1856～1860 年第二次鸦片战争后，清政府一方面在帝国主义侵略战争面前屡战屡败，另一方面又受到了太平天国农民起义的沉重打击，为了维持其摇摇欲坠的统治，他们对外妥协投降，并依靠帝国主义的力量对内残酷镇压农民起义。他们看到了西方近代技术和武器的先进性，并在与列强合力围剿太平天国革命时采用新技术武器尝到了甜头。于是，统治集团内部形成了一个以恭亲王奕䜣（xīn，欣）和曾国藩、李鸿章、左宗棠等封疆大吏为代表的洋务派。他们提出"师夷技以造炮制船"，引进和仿制近代船炮，以达到他们所说的"自强"、"御侮"、"靖内患"等目的。然而，他们认为，"中国文武制度，事事远出西人之上，独火器万不能及"，要"以中国之伦常名教为原本，辅以诸国富强之术"，仿习西方器具技术，则是为了"卫吾尧舜禹汤，文武周孔之道，俾西人不敢蔑视中华"。因此，他们的中心口号用洋务运动后期重要人物张之洞的话说，就是"中学为体，西学为用"。这其实也就是要以西方的新式武器镇压人民的反抗，原封不动地保住中国几千年的封建制度。在此前提下，从19世纪60年代起，洋务派兴起了以办军火工业为核心的洋务运动。

1861年曾国藩率先在安庆创办内军械所。从这时起至1894年中日甲午战争前夕，洋务派先后在21个省设立了27所制造枪炮、弹药和轮船的军工厂。其中最重要的有：

江南制造局：1865年李鸿章会同曾国藩奏请设立，委派丁日昌筹建于上海。成立后经过不断扩充，至1891年已下设十多个厂以及广方言馆、翻译馆等，人员达3500余人，装备着662台机床，361台蒸汽机，2000马力蒸汽机驱动着的轧钢机设备，是当时中国规模最大的工厂。主要生产枪炮、子弹，辅之修造船舰，也制造过一些机器设备。

福州船政局：1866年左宗棠筹建，1867年沈葆桢接办，1869年开始生产，到1874年已拥有17个厂，加上前后学堂，人员约2600人，是当时中国最大的专业造船厂。主要制造军用船舰。

此外比较大的军火工厂还有1865年李鸿章就任两江总督时将苏州制造局迁至南京建成的金陵机器局，主要生产大炮、弹药。1867年崇厚在天津办的天津机器局，1870年李鸿章调往直隶总督后接办，主要生产火药、子弹。

洋务派在全国各地还兴办了一批官办或官督商办

的民用企业，包括采矿、冶炼、纺织、交通运输等。
到 19 世纪 90 年代，共办了近 40 个企业。其中重要的
有：上海的轮船招商局（1872，李鸿章委派富商朱其
昂建）、滦州开平矿务局（1877，李鸿章委派唐廷枢办
的官督商办煤矿）、黑龙江的漠河金矿（1887，李鸿章
与黑龙江将军恭镗建，官督商办）、上海机器织布局
（1882，李鸿章委派郑观应建，是中国第一个机器棉纺
织厂）、兰州织呢局（1880 年开工，左宗棠筹办）、天
津的电报总局（1880，官督商办）、汉阳铁厂（1890）。
此外还有台湾鸡笼煤矿（1875 年沈葆桢筹办）、唐
山—胥各庄铁路，等等。

　　建立近代海军也是洋务运动的一个重要组成部分。
清政府于 19 世纪 70 年代中期购置军舰并建立了新式
海军，至 1884 年已有南洋舰队、北洋舰队以及粤洋舰
队，分别有舰船 17 艘、15 艘和 11 艘。不幸的是在法
国于同年对中国不宣而战的马江战役中，粤洋舰队全
军覆没，南洋舰队亦受重创而元气大伤。次年，清政
府决心"大治水师"，三年之后终于使北洋海军达到当
时的世界先进水平。然而在 1894～1895 年的中日战争
中，北洋舰队也遭到全军覆没的命运。

　　洋务运动时期，民营近代工业也开始兴起，这些
工业企业有些是在原先手工业作坊的基础上发展而成。
它们一般规模较小，资本薄弱，多为轻工业，大部集
中分布于上海、广州等沿海沿江通商口岸地区。

　　这些民营工业最早的有：缫丝工业，1872 年陈启
源在广东南海县创办的继昌隆缫丝厂；面粉工业，

1878 年朱其昂在天津办的贻来牟机器磨坊（贻来牟之名来自诗经"贻我来牟"，来，小麦，牟，大麦）；火柴工业，1879 年华侨卫省轩在广东佛山创办巧明火柴厂；棉纺织业，1894 年朱鸿度在上海创办裕源纱厂；造纸工业，1882 年钟星溪等在广州集股创办宏远堂机器造纸公司；印刷工业，1871 年王韬在香港创办中华印书总局；机器修造业，买办郭甘章在上海虹口创办甘章船厂；采矿业，1877 年起各地陆续出现，如徐州利国驿煤铁矿、安徽池州煤矿等。其他近代工业在粮油、玻璃、制药、焙茶、制糖等行业中也多有出现。

以上所有这些近代工业的重要特征之一是机器的采用，而在这点上也是有过斗争的。即如洋务派在军火工业中虽引进、采用了多种机器，但在引进时也颇瞻前顾后，怕"损害传统"。而民用机器的引进，因封建观念与习俗的影响，则几乎受到上、下层的共同反对，或曰"有伤风水"，或曰"男女在同一厂做工，有伤风化"，等等，再加上幼稚的排外情绪，因恨洋人而及机器。久之看到效益，才习惯，才接受。而官方，直到甲午战争后才对使用机器正式开禁。

从鸦片战争后开始，外国资本也在中国兴办工厂，从沿海及口岸地区，渐次深入内地，有船舶修造，有火车车辆修造（如 1880 年胥各庄修造厂，英国），还有缫丝、制茶、制糖、食品加工、制药、印刷、卷烟以及电、水、煤气等城市公用事业等，多略早于民族工业。

随着这些由官办的、商办的、外国资本兴办的近

代工业企业的兴起，在中国形成了复杂的半封建、半
殖民地又夹杂着民族资本主义的社会经济。

4 各种近代工程技术的传入

各种近代工程技术是随着洋务企业、民营企业以
及外资企业的兴起开始广泛传入的。所谓近代工程技
术是以系统的科学理论知识为指导，以热力（电力）
为动力，以钢铁等金属材料为主要材料，以机器生产
代替手工劳动，以集中化的工厂代替分散的手工作坊
为主要特征的。虽然当时并未能及时传入西方最先进
的技术，但洋务运动时期的这些工业企业的创立无疑
是我国近代工程技术的发端。

机械制造技术

动力机械方面主要是船用及机床动力用蒸汽机。
丁拱辰于 1843 年出版了《演炮图说辑要》。他曾召良
匠制作小蒸汽机的模型一具。曾国藩于 1861 年在安庆
建内军械所后，曾招募徐寿、华蘅芳等制造轮船与火
炮，并于 1862 年制成我国第一台蒸汽机。其后江南制
造局请外国人主持技术，仿造兵船，1869 年已能自制
400 马力船用蒸汽机。该局还制造过一台 300 马力蒸汽
机作为整个机器厂的原动机。福州船政局于 1870 年在
外国人主持下首次仿造成功往复式蒸汽机，并具有较
高的工艺水平。

工作机械方面，许多洋务工厂是具有制造这种
"制器之器"的能力的。江南制造局就曾于 1867 ～

1876 年间仿制出各种机床 168 台。但因各厂都只按照政府的意志去造船制炮，机械制造方面的潜力都未能发挥。由于设备自己不生产，只依赖引进，因而严重存在着各洋务工厂多头、重复引进的现象。民营机器厂方面，1866 年方赞举在上海虹口办的手工锻铁作坊后来发展成发昌机器厂，能仿造汽锤、车床等。

船舶制造技术

徐寿、华蘅芳等在安庆内军械所制成小型蒸汽机后，接着开始制造轮船。他们相互取长补短，紧密配合，据《海国图志》等书中的资料和简图，经计算、设计、绘图、制造，1865 年 3 月，中国第一艘"全用汉人，未雇洋匠"基本上采用中国原材料的近代船舶下水了，被命名为"黄鹄号"。它的制造成功，拉开了我国近代船舶制造的序幕。其后创办的江南制造局于 1868 年建成中国第一艘木质炮舰"惠吉号"，被认为是一艘成功的近代船舶，"坚致灵便，可以涉历重洋"。船长 56.4 米、宽 8.3 米，吃水 2.4 米，重 600 吨，装有 8 门火炮，时速 9.5 海里。到 1870 年，江南制造局已能制造 1000 吨级的炮舰。福州船政局则于 1869 年 6 月建成 150 马力、1300 吨级的运输舰"万年清"号。此后在天津、广州、武汉等地又先后建立一些官办或商办船厂，逐步形成我国早期的近代船舶制造业。从 1872 年起，江南制造局开始制铁壳船，到 1885 年首次制造成功"保民号"钢质轮船。19 世纪 70 年代中期起，天津、上海、南京、广州等地也陆续制造了一批铁船。从此，结束了我国两千多年来全以木材造船的历史，中国船舶制造技术开始进入近代发展阶段。

兵器技术

鸦片战争时期，龚振麟以铁模铸炮，因铸模可以多次重复使用，故效率高成本低。他还著有《铁模铸炮图说》，被收入《海国图志》。到了洋务运动时期，全国各地都先后建立了许多生产近代军火的洋务工厂，引进西方近代兵器技术，其中以江南制造局为最大。专门制造枪炮、弹药的较大工厂则有金陵、天津两制造局。其后比较有名的则有汉阳枪炮厂（1890），"汉阳造"步枪直到抗日战争时还在使用。19 世纪 70 年代，许多制造局，比如江苏、济南的工厂，已能"不用外洋工匠"，自行制造枪炮、火药。据统计，江南制造局于 1879 年（光绪五年）左右，已制成大小铜铁炮 348 门，开心及实心炮弹 10 万多颗，各式洋枪 18600 余支，枪弹 80 余万颗，火药 17 万磅。而 1862～1880 年间中国军队也已配备有来复枪数万支。

冶金技术

19 世纪中叶以后，西方在炼钢、有色金属冶炼和金属加工技术方面全面发展，使中国古老的冶金技术相形见绌，于是这些先进技术也先后传入我国。

黑色金属冶炼与加工技术方面，1871 年福州船政局所属铁厂添建锤铁厂（锻造厂）和拉铁厂（轧钢厂），锤铁厂设有汽锤，能锻车轴，拉铁厂能轧制 15 毫米以下的造船钢板、6～120 毫米的圆钢和方钢，铸铁厂还设有吊车，能铸汽缸等。1886 年创办的贵州青溪铁厂，从英国引进了熟铁炉、贝塞麦转炉、轧板机、轧条机等。1890 年兴建 1893 年建成的汉阳铁厂，有炼铁厂、钢厂、平炉厂，引进 100 吨高炉 2 座，10 吨酸性平炉 1 座，8 吨贝塞麦转炉 2 座以及轧钢轨机和小型轧机等。所引进的高炉是我国最早的近代高炉，于1894 年 5 月开炉。1890 年汉阳铁厂所属大冶铁矿建石灰窑、矿场、铁路，并购买机器，有手钻，还有气压凿岩机 5 座，是我国第一座用机器开采的露天铁矿。同年江南制造局增设我国最早的新式炼钢厂，中国第一座 15 吨酸性平炉投产。该厂还设有卷枪筒机，每天能出钢 3 吨、枪管 100 支。

有色金属冶炼方面，1894 年长沙大成公司开始新法炼生锑。新法洗金技术等也在 19 世纪 90 年代初引进中国。

其他工程技术，如轻工业技术，随前面说过的各种轻工业企业的建立被先后引入。铁路技术我们将在后面专门介绍。

近代中国科学的先驱——
李善兰、华蘅芳和徐寿

鸦片战争后，伴随着西方资本主义的大规模文化侵略也带来了不少近代科技。在明末清初西方科技的传入中断后，经过长期闭关自守的中国知识界与一百余年间又得到飞跃发展的西方科技重又见面之时，不免有恍若隔世之感。其中有些学者在传统科学上也曾有着卓有成效的研究，他们看到了这种中西之间的巨大差距，并深感国势的衰微。为振衰起弊，奋发图强，他们认真地投入到向国人广泛介绍西方近代科技的工作中去。李善兰、华蘅芳和徐寿就是这些学者中的第一批，他们在中国科技特别是自然科学从传统走向近代的过程中，贡献颇多，是近代中国科学的先驱。

李善兰（1811～1882）字壬叔，浙江海宁人，是中国 19 世纪中后期最著名的数学家。他 10 岁左右就对数学发生兴趣，起初学习《九章算术》，以后又学习了《几何原本》前六卷、李冶的《测圆海镜》和乾嘉学者戴震的《勾股割圆记》等书。他"自束发学算，三十后所学渐深"（李自述）。

李善兰 35 岁去嘉兴又与浙江许多学者如汪日桢（前面提到他曾作《历法长术辑要》）等有很多交往，常在一起研讨数学问题。这一时期他写成《四元解》、《方圆阐幽》（1845）、《弧矢启秘》（1845）、《对数探源》（1845）、《麟德术解》（1848）等书。1852 年他到了上海，在接触到西方近代科技之后，即将大部精力投入到数学、天文学等科学著作的翻译中去。1860 年以后，在徐有壬（也是数学家）、曾国藩手下充任幕僚，1868 年到北京同文馆任天文算学馆总教习，直至病故。

李善兰毕生主要从事数学研究、科技翻译和数学教学三方面工作，都有相当成就。可以说，在他身上就能看到中国数学从传统走向近代的最初历程。

在数学研究方面，李善兰早期主要是研究中国明清以来的传统课题，但他有新的推进。他创造了一种数学方法"尖锥术",在《方圆阐幽》一书中以十条"当知"讲述其原理,在《对数探源》中则用这种方法处理对数计算并取得一些相当于定积分的结果。在西方微积分尚未传到中国的情况下有如此成果是很了不起的。《垛积比类》则是他的又一重要成果,是属于高阶等差级数求和方面的问题。在书中他提出了后来驰名中外的被称为"李善兰恒等式"的组合恒等式,该书被认为是早期组合数学史上的一部杰作。此外,李善兰在北京同文馆时的著作《考数根四法》(即判定素数的方法,1872)中,还证明了著名的费尔玛小定理,虽晚于费尔玛,但却是独立获得的。李善兰等(如前面谈到的项名达、戴煦)的卓越成就,使我国当代一些数学史研究者们有理由相信,即使后来微积分等近代数学不由国外传来,也一定会在中国缓慢地按自己独特的方式产生出来。

在翻译工作方面,李善兰和英国传教士伟烈亚力、艾约瑟一起翻译过许多科学书籍,包括数学、天文学、力学和植物学等方面,计约 7 种。他认为西方的强盛,原因是"制器精",而"制器之精,算学明也",因此,他希望通过数学的传播、研究,最终使国家强盛。他所译书中重要的有《几何原本》后 9 卷、《代数学》、《代微积拾级》、《谈天》、《重学》等。《几何原本》后 9 卷是与伟烈亚力译自欧几里得原著,其前 6 卷早经利玛窦、徐光启译出,至此,历时 250 年,这部古希腊名著终于完整传入中国。《代微积拾级》则介绍了解析几何与微积分,是近代输入中国的第一部高等数学著作。译书时，李善兰创立了许多至今还在沿用的译名，诸如代数、系数、函数、椭圆、级数、常数、变分、微分、积分等，有些还传到了日本。《谈天》与《重学》则分别是介绍天文学与力学的书籍。

在教学方面，李在北京同文馆采取了"会中西于一法"的教学方式，对于近代中国数学教育从传统到现代的过渡也有相当影响。

华蘅芳（1833～1902）字若汀，江苏今无锡人，从十三四岁起接触数学，先后学习过程大位的《算法统宗》、秦九韶的《数书九章》、梅文鼎的《历算全书》等。1861 年，华蘅芳曾与徐寿同在安庆从事轮船设计工作。1865 年以后，他又来到上海江南制造局承担翻译西方科技书籍的工作，主要是数学与地质学方面的书籍。后 20 多年他主要从事教育工作，1880 年为格致书院内上海分书院教习，1887 年到天津武备学堂教授数学，1892 年到湖北主讲于两湖书院。

华蘅芳是继李善兰之后又一著名数学翻译家。他不仅翻译数量多，内容广，而且译文也通畅易懂，影响较大。他和傅兰雅等合译有《代数术》（1873）、《三角数理》（1877）、《微积溯源》（1878）、《代数难题解法》（1883）、《决疑数学》（1880）、《算式解法》、《合数术》（1888）等 7 种书籍。其中《合数术》是关于对数造表法的，而《决疑数学》则介绍了概率论，他把概率译成决疑数。他所译《微积溯源》一书，内容比李善兰译《代微积拾级》丰富，水平也较高，把更多的西方高等数学知识传到了中国。

数学之外，华蘅芳还译过有关地学等的著作。他本人的著述亦颇多，有合刊的《行素轩算稿》等传世。

值得一说的还有华蘅芳在天津武备学堂时，学堂曾购得一法国旧气球，欲令德国某教习表演，该人知难而退，乃由华蘅芳另作直径 5 尺的气球，灌入自制的氢气，终于使气球升空。这也是我国的第一个氢气球。

徐寿（1818～1884）号雪村，江苏无锡人，是我国近代杰出的爱国科学家、近代中国化学的最早启蒙者。前面说过他还是我国第一艘轮船的制造者。

徐寿 5 岁丧父，由母亲抚养大，家境贫寒，自幼喜爱自然科学，对于机械制造、声学、光学等都悉心进行了钻研。1855 年后的几年，他在上海见到英国医生合信著《博物新编》（该书共三集，内容庞杂，包括天文、气象、物理、动物各方面内容，第一集中讲了化学知识，内容浅陋、无系统。1855 年于上海出版，是介绍西方自然科学较早的一部书），从中学到了初步化学知识，回无锡后，按该书做了些化学实验。他还独自创立了一些实验。1862 年清廷要曾国藩推举"能制造与格致之事者"（格致：当时对声、光、化、电等自然科学部门的统称），曾国藩推荐了 8 个人，徐寿是其中之一，于是被调到安庆与华蘅芳一起造船。徐寿还曾"自制强水棉花，药汞爆药"（就是硝化纤维、雷汞引信等）。1867 年，他又被调到上海江南制造总局做编译工作，前后约 17 年，与傅兰雅等编译过 13 种一百余卷科技书籍，多数是与化学有关的书，重要的有

《化学鉴原》及其续编和补编、《化学考质》、《化学求数》、《宝藏兴焉》等，他是将西方化学知识系统介绍到我国的第一个人。

徐寿还热心化学教育和知识交流。1875年他和上海爱好科学的朋友，创立了格致书院。这是一所带有学会性质的学校，常演讲化学等自然科学问题，还作"课堂示教"实验。1876年他创办《格致汇编》刊物（名义为傅兰雅主编，实际是徐寿主笔），主要介绍当时欧洲的科学知识。他并亲自撰写了一些论文在这一刊物上发表。徐寿在国际上也很有名望，日本曾派柳原前光等前来向他学习。

徐寿的两个儿子，徐建寅和徐华封都学化学。徐建寅也曾翻译过不少科技著作。

《化学鉴原》（1871）是一部很有影响的重要著作。书中概略论述了一些基本化学理论和各种重要元素的性质，还刊载了我国最早的中文化学元素表，共介绍了64种元素。《化学鉴原续编》介绍有机化学。《化学鉴原补编》则介绍无机化合物，书中提到1875年新发现的元素镓（Ga）。《化学考质》是译自德国伏累森纽斯著作的化学定量分析。《化学求数》也是化学定量分析。《宝藏兴焉》是冶金方面的著作。这些书加徐寿长子徐建寅所译的《化学分原》（定性分析）以及江振声译《化学工艺》（介绍酸碱制造的化工方面的著作）等，比较全面介绍了当时西方的化学知识。各化学书中全部化学术语和物质名称均由徐寿创造出中文名称。元素名称，除金、银、铜、铁、锡、铅、硫、碳等是古来即已沿用者外，徐寿创造的音译名称，如钠、钾、铀、锰、镍、钴、锌、钙、镁等沿用至今。徐寿首创的以西文第一音节造字的原则，为我国后来确定元素名称建立了基础，被后来的中国化学界所接受。

徐寿虽和传教士有很多接触，但却能坚持无神论，"总以实事实证引进后学"。他的这种科学态度在当时是很难得的。

6 西方近代医学的传入

西方医学于 16 世纪开始走向科学化，1557 年葡萄牙侵占我国澳门后始传入我国。1568 年澳门区主教卡内罗创立仁慈会，开设了拉斐尔医院和麻风病院，这是西方最早在中国创办的教会医院。明万历年间传教士邓玉函等也曾将西方人体解剖知识介绍到中国（即前述《泰西人身说概》），同时对西医、医院概况、医学教育也有介绍。清初，传教士在传教的同时也行医施药，但只是个别的活动。那时，西医的实际疗效和中医相比实在并无高明之处，很不完备的西医理论又与我国医学理论体系格格不入，因而备受冷落，以至于明末时来华的那位邓玉函，尽管在欧洲曾是名著一时的医生（也是伽利略的挚友），来到中国后也只得改行修历去了。清康熙以后因政府的禁教，西医的传入也就停止了。这样，在第一次西学东渐期间西医在中国仅作昙花一现。

19 世纪以后，西医有了迅速发展，特别是外科、妇科、眼科等手术疗法的进步，临床上受到人们的欢迎与信任。同时，西方资本主义列强为了其政治、经济、文化利益的需要，也有意鼓励西医的传入。于是，鸦片战争后随着第二次西学东渐的潮流，西方医学开始大量涌入，迅速广泛地传播开来。仅半个世纪，西医医院、诊所、医学院校、医学杂志几遍及中国。

西方医学的传播主要有这么一些途径：建立西医诊所与医院，开办医学院校，翻译出版医学书刊等。

鸦片战争前，西方列强的活动只限于澳门和广州两地。1805～1806 年，英国船医皮尔逊最初在此两地试种牛痘。1820 年，英国传教士马礼逊和东印度公司船医李文斯顿首先在澳门开设诊所。1835 年美国传教医师伯驾在广州开办了博济医院。鸦片战争以后，西方列强在派遣传教士的同时派来大批医务人员，到处设诊所、开医院。1843 年美国在广州办诊所，英国 1844 年在上海，1845 年在宁波，1848 年在广州先后设立了医院。1848 年美国又在福州建诊所。至此，5 个通商口岸（还有厦门）都建立了教会医院。此后又在北京、汕头、杭州、济南、南京等地建起了医院。这些医院在普及西医方面起了一定作用，也是资本帝国主义文化侵略的重要基地。当时，他们的活动一般都有着明显的政治目的，美国有人在赞扬中美望厦条约中为美国立下汗马功劳的伯驾时就说过："当西方大炮不能举起中国门户的一根横木时，他以一把手术刀劈开了中国的大门。"

19 世纪 60 年代以后，外国教会开始在中国办医学院校。1866 年广州博济医学校是第一所。1883 年建苏州医学校，并于 1894 年改为苏州医学院。在此前后其他各地也建立了若干医学校，而教会医院设立的护士学校则更为普遍。

与此同时，中国的洋务派也开始兴办医科学校。1865 年同文馆就有医科班，但人数少，且不能实习。1881 年，李鸿章在天津办医学馆，1891 年改名为北洋医学堂，这是中国自办的最早的医学堂。

这一时期，已有中国人到西方留学学习医学。其中最早的是广东人黄宽，1847 年他先去美国学习，读完高中后赴英国爱丁堡大学医科学习了 7 年，获博士学位。1857 年他回到国内行医并教学，据称"医声卓著"。他也是近代中国最早的留学生。而最早的医学女留学生是金韵梅，她 1881 年到美国，就读于纽约某医院附属女子医科大学，获博士学位，1888 年回国。后来她主持天津医科学校，很有成绩。

西医书刊，最早的是英国传教医师合信在 1851～1859 年所著医书，后经人合编为《合信氏医书五种》，这是当时影响颇大的一部书。医学杂志则自 1866 年在广州发行的《广州新报》始，该报 1884 年改称《西医新报》。在此之后有 1888 年的《博医汇报》等，该报影响最大，由所谓"中国行医传教会"创办。这些医刊对西医知识的传播起了很大作用。

此外，外商从 19 世纪 50 年代始，在上海陆续开办了许多西药房。1850～1887 年的 38 年间，共设药房

12 家，虽设备简陋，只能从事初步的药品制备，但其药品如屈臣氏药房的宝塔糖、科发厂的十滴水、沃古林眼药水等在当时已颇有影响。药房药厂的建立、发展，促进了西医在中国的确立。

西方近代医学的传入和发展，打破了几千年来传统的医疗局面，带来了新的医学知识与治疗方法，使近代中国在中医队伍之外出现了新的医学技术队伍——西医，这对中国的医疗保健事业产生了深远的影响。

三 近代科学技术的奠基
（1895～1927 年）

　　洋务运动时期，清政府不仅兴办了各种洋务企业，还购置军舰建立了近代海军。然而在 1884 年的中法战争中福建海军几乎全军覆没，十年之后，1894～1895 年的中日甲午之战北洋海军亦遭到同样的命运，洋务派苦心经营的大清海军再次覆灭！至此，清政府的昏聩无能已暴露无遗，也宣告了洋务运动的失败与终结。历经此役，举国震动，有人提出"科学救国"、"教育救国"，有人提出改良政治制度的"变法"，更有人提出推翻清政府反动政权的革命主张……

　　甲午战争后，早已先后进入帝国主义阶段的西方各国对中国进行了更加疯狂的政治、经济、文化侵略。经明治维新崛起、由中国巨额赔款喂肥的日本也从此加入资本主义列强的行列。帝国主义列强的激烈竞争使中国面临着瓜分豆剖的形势，危急犹如"寝于火薪之上"。民族矛盾、阶级矛盾日益尖锐，百业凋敝、经济濒临破产，半殖民地化进一步加深。清王朝在 1911 年武昌城头的义旗升起之后终于覆灭了。但由于中国民族资产阶级的软弱，辛亥革命也归于失败，并形成各个帝国主义支持的大小军阀割据局面。在 1912～1927 年的北洋政府时期，军阀连年混战，15 年间共发生战争 100 多次，时局动荡，民不聊生。这时帝国主义在中国进一步划分势力范围，修铁路、开矿山、建工厂，残酷地榨取、掠夺，掌握了中国的主要经济命脉。也是这一期间，1919 年的五四运动，中国人民举起了"民主"、"科学"的大旗，接着 1921 年成立了中国共产党，觉醒了的中国人民开始了推翻压在自己身上三座大山的艰苦卓绝的革命斗争。

这一时期的中国近代科技，在极其复杂的社会环境中艰难地前进着。随着近代教育的兴起，留学生的回归及民族资本的发展，近代科技的各个门类，或开始了其萌芽阶段，或已走向草创阶段及初步发展阶段，并且一开始就程度不同地被打上了半封建、半殖民地的烙印。工业方面，民族资本虽有第一次世界大战期间相对较顺利的发展，不久则重又受到外资的排挤打击，始终是在艰难地挣扎着前进。农业方面虽有近代科技的萌生，但总体上变化甚微。工业建筑与城市建筑成了帝国主义侵略的最好历史见证。在反动派的打击、摧残下，传统医学陷入了极为困难的境地。近代天文、气象则从一开始就沦入帝国主义之手。由于缺少基础加上环境的恶劣，自然科学的发展相当缓慢，除地质、生物等学科外，其他学科甚少建树，中国学者们的一些重要成果还往往是在国外取得的。但无论如何，近代科技在中国这块古老的土地上开始植根、萌芽和缓慢地发展起来。

清末民初的学制改革与留学生派遣

清中叶以前，官方的科技教育，仅是在钦天监内设馆教授数学与天文知识，为其本身培养一些并不很高明的专业人才，其他的学堂、书院是不讲习科技知识的。科技教育主要还是在民间以个人授徒、自行钻研以及世代相传等形式进行。直到鸦片战争以后，才产生了重大变化，这就是出现了教会办的学校和清政府洋务派设立的学校。

洋务运动时期，一些进步的中国学者们意识到：不仅要师夷长技，而且要改变文人与工匠"两不相谋"、理论与技艺脱节的现象。洋务派中的一些人也看到了这一点，开始考虑培养懂得科技的人才的问题。虽然进行科技教育的主张一再遭到那些"不以不如人为耻，而独以学其人为耻"，拒绝向西方学习的保守派的反对，但经过一些人的努力，从19世纪60年代起，教授科技知识的学馆终于开始在各地建立了起来。

由清政府设立的第一所教学机构是北京同文馆（1862）。最初只教授外语，1866年增设天文、算学科，之后逐步设立物理、化学、生理等课程。上海广方言馆（1863），广州同文馆（1864）也都设有科技课程。其后又出现了福州船政学堂（1866）、上海江南机

51

器制造局的上海机器学堂（1867）等。这些都是中国最早的近代教育机构。19世纪90年代后，在一些城市出现了新式学堂，如天津中西学堂（1895）等，上海南洋公学（1897）等。中西学堂设法律、采矿冶金、机械、土木工程四科，并分头等学堂与二等学堂，前者相当于大学。南洋公学分上、中、下学院，分别相当于大、中、小学。湖北自强学堂（1894）有方言（外语）、格致、算学、商务四斋。

这时，不断有人提出废科举、兴学校的建议，但直到戊戌变法（1898）运动后，清政府被迫实施新政，才通谕全国，各省、府、厅、州、县都设学堂。省为高等学堂，府的书院改为中学堂，州县的书院改为小学堂，这就废除了科举制度下教育人才的书院。同时还奖励士绅办学。1898年成立的京师大学堂，是中国近代第一所国立大学。戊戌变法失败后，唯一得以保留的"新政"就是"兴办学堂"了。1902、1903年颁布了"学堂章程"，改变了从1863年起40年间学堂无一定规程的状况。之后，全国又办起了许多大、中、小学。但此时还未完全废止科举制度，直到1905年，清政府明令废除科举，学制改革才算完成。但1909年宣统帝即位时，为庆祝又破格举行了最后一次科举考试，直到此时后，在中国大约施行了1300年的科举制度，才完全废止。这时的大、中、小学堂已把科学知识列为正式课程，学科门类也较齐全。到1911年，全国有小学86318所，中学832所，大学122所。

民国初年，于1912年和1922年又进行了两次学制改革，这时已称大、中、小学，接近现代体制。20年代起，各大学不仅都设立了数、理、化学系，有些大学还有了机械工程等技术科学与应用科学方面的系科。我国已开始能培养较高水平的理科人才以及少量的工科与农科等方面的人才。

从 1839 年澳门的第一所教会学校起，西方各国教会在中国各地办起了多所学校，以图"征服整个中国，使之服从基督"。因而办学积极性颇高，到 1905 年，教会学校总数已达 2585 所。1907 年又有较大增长，仅美国所办学校就有 1195 所。比较著名的教会大学有：燕京、齐鲁、圣约翰、东吴、震旦、沪江、之江、岭南、协和等。

留学生派遣，则是 19 世纪 70 年代后的事，但 40年代后已有留学生出国学习近代科技，最早的有黄宽、容闳等。关于黄宽，前已述及。容闳（1828～1912），广东香山人（今广东中山），是近代史上颇值得一说的人物。他早年在澳门马礼逊学堂读书，1847 年毕业后赴美求学，先在麻省孟松学校读完中学课程，1850 年考入耶鲁大学，1854 年毕业后回国。他曾于 1861 年赴太平天国天京（南京）谒见干王洪仁玕，提出七条新政建议，洪赞许，然未及实行。1863 年容闳入曾国藩幕，筹建江南制造局。1868 年又向清政府提出新建议若干条，其中有建议选派出国留学生。1870 年清政府接受了此项建议，1872 年让他主持选派中国幼童赴美留学，前后四批，共 120 名，他任留美学生监督，这就是留学史上著名的"幼童赴美留学班"。该班于

1881 年因顽固派担心学童被美国人同化，提出反对，撤回中国，留学基本半途而废，很是可惜。学生仅二人毕业，其一即詹天佑。容闳后来参加过戊戌变法，遭清政府通缉，乃逃亡美国，并支持孙中山革命。

1877 年，福州船政局向欧洲派遣留学生。由前学堂派出留学生 12 人加上艺徒 4 人去法国学习制造，回国后成了轮船制造业的骨干。从后学堂毕业后派出的有严复等 12 人到英国学驾驶，归国后多成海军将领，严复则成了近代著名的资产阶级启蒙思想家。

1900 年八国联军侵入北京，犯下滔天罪行，而清政府却要向这 8 个帝国主义强盗赔款（即所谓"庚子赔款"），连本计息加地方赔款竟高达白银十亿两，为清政府岁入的十倍。这也激起了朝野上下的自强决心，留学人数很快增加。1903 年清政府明令奖励留学，经国家考试及格者，可以被公费派送留学，而自费留学则无限制。1907 年清政府与日本签订接受中国留学生办法，由各省公费选派，短期赴日留学达万人以上。美国在 1908 年由国会通过罗斯福咨文，决定以庚子赔款半数，作为中国留学生赴美之费用，以达到为他们培养比教会学校更高级、更专门人才的目的，从而以"从知识和精神方面支配中国领袖的方式，控制中国的发展"。这以后，留美学生显著增加。这些留学生中学科技者占多数。1905 年清政府规定官费留学必须是理工科，庚款留美学生也限定十分之八学理、工、农、商各科，辛亥革命后也是如此。据 1916 年的统计，官费留学生中学理工者占 82%。

清末民初及以后派出的留学生的许多人后来成了中国近代科技事业的奠基人，也有不少人成了民主革命和社会主义革命的杰出斗士和领导人，对我国近代科技的发展和推进整个社会前进，都起了很大作用。

清末以及民国初年的学制改革，不论其背景如何，所带来的全民知识结构的改变，是前所未有的，意义重大，影响深远。国内教育的发展加上教会学校的兴起与留学生派遣是第二次西学东渐潮流的重要组成部分，并将它推向高潮。同时，与帝国主义者的初衷相背，绝大多数中国人置西方的天主或上帝于不顾，对西方先进的东西却采取了"拿来主义"。广大的爱国知识分子们认真学习了西方近代科技，并将它移植到中国这块古老的土地上，使其生根发芽，开始了中国近代科技事业的艰苦的拓荒与奠基工作。

中国铁路的兴建和杰出的铁路
工程师詹天佑

在中国，最早出现的铁路是 1865 年英商杜兰德在北京修建的长一公里左右的小铁路，试跑小火车。不久，清朝官员以"观者骇惊"为由限期拆除。实际通车的铁路，以 1876 年英国怡和洋行为首的英国资本集团擅自修建的吴淞铁路为最早。该铁路长 15 公里，为窄轨轻便型，通车后发生火车轧死行人案件，遭当地人民反对。经两国政府商定，由清政府备款赎回，但又让续修到吴淞镇，总长 20 公里，通车营业，到 1877

年清政府付清款项赎回铁路后竟昏庸地把它拆除了。5年之后，为了输出开平矿务局的煤，洋务派提出修筑铁路，遭到保守派的反对，没有得到批准。于是又谋求用运河代替铁路，而当时条件又不可能，这才再次申请修路，方准予修建唐山至胥各庄一段 10 公里长的铁路，于 1881 年初开工，11 月 8 日通车，采用 1.435 米标准轨距。但清政府又怕"震动山陵"（该路靠近清东陵），只准骡马拖拉车辆。这一来，实际上成了笑话，几经疏通，才准予在 1882 年改用机车牵引。该铁路的修建揭开了中国自己修建铁路的序幕，然而这已比世界上的第一条铁路，英国在 1825 年修建的斯多克顿到达林顿的铁路晚了半个多世纪。

1884 年中法战争失败并得知沙俄筹修西伯利亚铁路后，清政府考虑到运兵与防务问题，宣布"毅然兴办"铁路。中日甲午战争后，帝国主义各国为了加强其对中国的经济掠夺，进一步瓜分中国，攫取中国铁路的建筑权和经营权也就成了它们侵略计划中的首要环节。到清末为止，实际修筑了 9100 公里铁路。其中清政府自己拨款修筑的京张铁路和向比利时赎回的京汉铁路，加上各省商办铁路共计才 1800 公里，其余均为列强贷款或直接投资修建。

北洋军阀时期，先是袁世凯大借铁路外债，拍卖路权，其后段祺瑞又向日本兜售路权。这样到 1918 年形成了帝国主义列强掠夺中国路权的第二次高潮。1912～1927 年间实际修建了 4000 公里铁路。

在修建铁路的同时，除建造火车站等近代建筑外，也开始产生了我国的机车车辆以及桥梁设备制造业，陆续引进了西方近代铁路工程的各方面技术。

在这一时期，中国出了一个杰出的铁路工程师詹天佑。

詹天佑（1861～1919），原籍安徽，出生于广东南海，是清政府采纳容闳建议于1872年派送留美的幼童生之一。1881年詹天佑于美国耶鲁大学土木系毕业后回国，先在福州船政学堂和广州水师学堂任教习，1888年任津沽铁路工程师。1891年修建关东铁路（京沈线的一段）时，他在英、日、德三国人员施工相继失败之后主持了滦河大桥工程，为在东亚第一次采用压气沉箱法建筑桥墩作出贡献，这也是继1888年台湾淡水河铁桥之后中国人自行设计建造的第二座最大的铁桥。此后他又参加过关内外铁路、萍醴铁路等的修建工程。1905年5月，詹天佑被清政府委任为京张铁路会办兼总工程师，在这里，他充分表现了自己的杰出才能。

京张铁路要穿越高山峻岭，隧道工程量大，此前的外国工程师将之视为畏途。詹天佑到任后，他们冷嘲热讽，有些人竟说："中国造这条路的工程师还没有诞生"，日本人也乘机要求延聘本国人"来华指授一切"。但詹天佑满怀信心，毫不动摇，不避艰辛，亲自参与勘测。在测量了三条线路后，他选择了其中一条最合理的线路，劈山架桥，开凿隧道。在八达岭一带，山高坡陡，南口至青龙桥段18公里间的最大坡度达千分之三十三，随着地形继续升高，即使采用两台大马力机车一推一拉牵引列车也爬不上去，难度极大。詹天佑决定采用"人字形"线路，出色地解决了这一难题，大大缩减工程量。最后这条铁路在詹天佑等中国工程技术人员与工人们的共同努力下，提前两年于1909年9月全线完工。10月2日在南口举行通车典礼，中外来宾参加者达万人，"欧美士夫"对其险要工程也都赞为"绝技"，连清朝统治者也不能不承认其重要意义，以为"本路之成，非徒增长吾华工程师之荣誉，而后此从事工程者，亦得以益坚其自信力而勇于图成。将来自办之铁路……必以京张为先河"云云（邮传部尚书徐世昌语）。

詹天佑在修建京张铁路过程中聘用过一批中国工程技术人员。他非常注意培养人才，在他身边工作过的年轻工程人员，在以后的商办铁路及国有铁路的修建中都起过相当作用。詹天佑此后为我国铁路事业还做过很多贡献。1917年起直到他逝世还担任过"铁路技术标准委员会"会长，对我国统一铁路标准有重要贡献（当时中国铁路因各帝国主义参与，可谓五花八门，标准化工作有着重要意义）。他还担任过"中华工程师学会"会长等职务。

詹天佑值得我们永远纪念。1961年4月26日在詹天佑诞生一百周年纪念会上，我国杰出的地质学家李四光对他作出了非常恰当的评价："詹天佑领导修建京张铁路的卓越成就为深受污辱的当时中国人民争了一口气，表现了我国人民的伟大精神和智慧，昭示着我国人民的伟大将来。"

3　从飞车到飞机

飞行，自古以来一直是人类向往与追求的事，在中国的古籍中就有许多关于人们为之奋斗的记载与传说。然而，一直到了近代这种美好的愿望才有了实现的可能。中国人发明的火箭、竹蜻蜓以至走马灯等也都曾对近代的航空、航天技术有过重要影响。

还是清代初年的事。据《吴县志》的记载，那时当地有一个爱动脑筋的工匠徐正明，受《山海经》中"奇肱国造飞车"故事的启发，决心制造出"飞车"来。他锲而不舍，坚持造车。虽至家中揭不开锅，生活难以为继，要四处去打短工挣钱的时候也决不放弃。经过 10 年的努力，他终于制成了一辆形状和圈手椅一般的"飞车"。该飞车"构思精绝"，"下有机关、齿有错合"，"人坐椅中，以两足击板……机转风旋，疾驰而去"，"离地尺余、飞渡港汊"。在那时能有这样的发明，实在是非常了不起的。其后徐正明又下决心将"飞车"进一步改成"飞机"，以便飞过万顷太湖，然而由于生活重压，他壮志未酬，不幸早逝，"飞车"也失传了。

这是一个真实的故事。在那个时代，那样的社会环境中，徐正明的发明创造只能是自生自灭。当时的材料技术、动力技术等还不能够让他制造出一架真正的飞机，但这件事充分显示了中国人杰出的聪明才智，而到了近代，当飞艇和飞机等飞行器刚在西方国家出现时，一些先进的中国人也迅速地进行了这方面的探索和努力，独立地制成了当时第一流的飞行器。

1884年，法国人罗奈等制成了第一艘飞艇"法兰西"号，1893年法国人又制成了他们的第二艘飞艇。紧接着，1894年中国的谢缵泰（缵，zuǎn）也制成了一艘飞艇"中国号"。谢缵泰，广东人，生于1872年，1894年加入"兴中会"，从事反清革命活动，同时他还潜心制造飞艇。他设计制成的飞艇以铝为壳，艇上装有发动机和螺旋桨，比当时其他飞艇性能都好，并于当年试飞成功。

冯如，是中国第一位制造飞机的人。他生于1883年，广东恩平县人，12岁即去美国三藩市谋生。在那里，他一边做工，一边刻苦攻读，钻研技术，多年后他终于"于三六种机器无不通晓"，还发明过抽水机、打桩机。他制造的无线电机能收能发，电码灵敏，很多美国人争着订购。1906年，他到旧金山，开始钻研飞机设计和制造，在华侨资助下，经艰苦努力，1909年，也就是莱特兄弟第一架飞机试飞成功的6年后，冯如驾驶自制的飞机在奥克兰市试飞，航程2640英尺，超过了莱特兄弟首次试飞852英尺的成绩，揭开了中国航空史的第一页。1912年，冯如在广州市郊举行飞机飞行表演时，不慎失事，献出了年轻的生命。

其后，1910年谭根在美国创制了性能先进的水上飞机。而李宝焌在那时就已提出了喷气推进的设想。在国内制造飞机最早的是留日归国的刘佑成、李宝焌。1910年8月，清政府委派他们在南苑建厂造飞机，次年6月曾制成一架，可惜在试飞时坠毁。1918年2月北洋政府海军部在福建马尾设立海军飞机工程处，建成了一个装配车间，由留学美国，以后又分别出任过美国通用飞机和波音飞机厂总工程师的巴玉藻、王助等人主持制造飞机。这是中国第一个正规的飞机制造厂，每年可造两三架飞机。1919年8月他们制成了一架木质水上飞机——"甲型一号"，马力100匹，总重为1055公斤，最大时速120公里，试飞时因操纵失误而坠毁，翌年制成"甲型二号"试飞成功。以后共制成了各式飞机15架，其性能不低于西方同期的产品。

1922年，孙中山在广州成立了大元帅府，任命曾在美国专攻水陆飞机制造和驾驶技术的杨仙逸为航空局长，于是他建厂制造飞机，经与技工一道奋战，制造出三架"洛莎文"飞机（这是依照宋庆龄的英文名字命名的），加上在美国订购的8架飞机，组成了中国第一支航空部队。

以上是我国航空技术早期的一些情况。我们看到了先行者的奋斗与牺牲，也看到，我们起步并不晚，条件相同时，绝不落于人后。但在半封建、半殖民地的社会环境下，进展缓慢，与国外的差距也就越来越大了。

4 冶金工业的近代发展与土洋并举的冶炼技术

前面我们说过自19世纪70年代近代冶金技术传

入的情况，到 20 世纪以后，冶金工业又有了一些新的发展，这一发展主要是从第一次世界大战后开始的。

大战期间，由于战争时钢铁等的需要，帝国主义对我国的倾销减少，我国的民族冶金工业逐渐建立，产量也不断上升。1917 年上海和兴铁厂建立（上钢三厂前身），最初有 12 吨高炉一座，后来又有 35 吨高炉一座，40 吨平炉两座，年产钢可达 3 万吨。同年山西保晋公司建阳泉铁厂，有 20 吨高炉一座，日产铁 15 ~ 20 吨。1918 年扬子机器公司在武汉谌家矶建 100 吨高炉 1 座，年产生铁 36000 吨。1926 年江南制造局炼钢部分改成上海钢铁机器有限公司，有 30 吨平炉两座，年产钢 1 万吨左右。

1893 年建成的汉阳铁厂，于 1896 年改为"官督商办"，1904 年原酸性平炉以及转炉拆去，改建为 4 座碱性平炉（这是由于当年洋务派大员一意孤行，引进设备根本不适合当地情况，才不得不有此改建之举），新建 150 吨混合铁炉一座以及 800 毫米的钢轨轧机和钢板轧机各一套。1905 年又建 250 吨高炉一座。1908 年 2 月该厂与大冶铁矿、萍乡煤矿合并为"汉冶萍煤铁厂矿公司"，有 100 吨高炉两座，250 吨高炉一座，30 吨平炉 6 座，各种轧钢机 4 套，加上机械化矿山，成为当时远东第一流的钢铁联合企业。

在西方帝国主义忙于第一次世界大战无暇东顾时，日本帝国主义乘机对中国进行了大肆侵略与掠夺。1915 年"本溪湖煤铁公司"建成 140 吨高炉 2 座，后又增建 20 吨高炉 2 座。1918 年开办的鞍山制铁所，有

400 及 500 吨高炉各一座，是帝国主义国家在中国所建的最大的高炉，于 1920 年出铁。所生产的生铁都为日本帝国主义所掠夺。

在有色金属冶炼方面，主要是铜、锑、锡以及铅、锌等。钨矿于 1914 年在江西、湖南开办，手工开采，生产钨砂。

铜矿有云南东川铜矿，明代嘉靖年间（1525）已成为主要矿区，清代累计产铜几十万吨。1912 年在会泽设冶炼厂，用反射炉炼精铜。1911 年，四川彭县铜矿开始生产精铜。此时还有吉林天宝山铜矿、湖南铜矿、湖北大冶铜矿等。最高年产量总计 1600 吨左右（不计土法冶炼产量）。

锑矿，1908 年，湖南商办华昌炼锑公司在长沙建厂，引进法国挥发烘炒炼锑法提炼纯锑，此时湖南锑业已从萌芽进入兴盛期。1915 年仿法炼锑厂家已遍于湖南各矿山（益阳、安化、新化等），1916 年湖南全省纯锑产量达 2 万吨。第一次世界大战结束后，锑价暴跌，1918 年华昌倒闭，其他厂矿也相继停办。

锡矿，在云南个旧，清光绪年间最盛，是民间土法冶炼，1889 年开始向国外出口。1905 年"个旧厂官商有限公司"成立，1909 年从德国购置洗选、冶炼、化验、动力及索道等设备，1913 年建成选矿厂，自此开始了新法采矿。冶炼仍用土法。个旧锡年产可达六七千吨，第一次世界大战期间的 1917 年，产量达 11070 吨。这些锡作为宝贵的战略物资，多数为帝国主义国家攫取。

从技术上看，这一时期无论是钢铁也好，有色金属也好，近代冶炼技术虽有发展，但多掌握在帝国主义及官僚买办资产阶级手中。而在民间仍然大量使用着各种传统的古代冶金技术。这些技术在当时社会条件下未能发展成现代技术，但也因其适应小农经济的需要而一直流传下来。

我们且来看看当时钢铁技术方面的土法和洋法，即传统技术和近代技术的情况。

传统钢铁技术主要有土高炉及坩埚法炼铁，炒钢法、"苏钢"法、焖钢法炼钢。

土高炉炼铁：土高炉是由古代鼓铸生铁的竖炉发展而来，炉体以耐火砖或耐火黏土加砂、炭末甚或石料制成，以人力（或水力、畜力）推动的活塞式木风箱鼓风，采用富铁矿为原料，木炭、无烟煤、土焦炭作燃料。这种土高炉很盛行，能炼出质量相当好的灰口生铁。

坩埚炼铁：设备比土高炉更简单，操作更容易，山西省用得很多。坩埚以耐火泥、黏土、焦粉或煤粉按一定比例混合打结成筒柱状，经烘烤定型而成。将细碎矿石与无烟煤末（还原剂）及"黑土"（助熔剂）混装于坩埚内，将坩埚分层置方形炉中，坩埚之间填无烟煤，风箱鼓风燃烧加热 8 小时后，自然通风 24 小时，一炉可装坩埚几十个至二三百个，每炉可出半吨生铁。此法还可生产块炼铁及含碳量稍高的钢。1916 年全国产土铁 17 万余吨，其中山西产 7 万吨，多由此法制得。

炒钢法：这是从汉代以来就有的方法，流传颇广。就是把熔化的生铁，边鼓风边搅拌炒炼，使生铁中的碳氧化，而成钢或含碳更低的熟铁（低碳钢）。炉子有顶吹式及反射炉式。炒钢质量很高，据称，光绪年间（1875～1908）外国钢条因价廉而大量进口，但其质量却比不上炒钢。

"苏钢"法：这是古代灌钢技术的继续，因起于苏州而得名。方法是将生铁板在 1300℃ 左右熔化，均匀淋滴到炉中已加热的熟铁料上，淋后取出锻打成团，另用炉加热锻成钢条，以水淬火。

焖钢法：这是古代块炼渗碳钢和固体渗碳工艺的发展。将熟铁与块炼铁置密封罐中，填以渗碳剂（木炭粉及骨粉）及少量催化物质（食盐、碳酸钠、苛性钾、黄血盐等），若干罐同置炉中加热到一定温度，保温，出罐后立即淬火。其渗碳深度在 2 厘米以下，若以泥封裹，露出渗碳部分，还可进行局部渗碳。

近代炼钢炼铁技术，当时有些设备还是比较先进的。以炼铁技术说，汉阳铁厂在 20 世纪初已具相当规模，有高炉 4 座，日产生铁 230～250 吨。从原料消耗等指标上看，在当时世界上是相当先进的。然而汉冶萍公司先后经盛宣怀、袁世凯出卖，1925 年终至倒闭，而为日本人完全占有。炼钢技术上，1913 年汉冶萍有煤气发生炉 18 座，以供平炉炼钢用燃料，平炉每炉装铁水 20 吨、废钢 10 吨，每 8 小时炼 1 炉钢，技术比较先进。但自汉冶萍倒闭后，中国的炼钢比炼铁规模更小，技术更落后，只能生产少数普通碳素钢，品种少，质量也差。

有色冶金技术多为土洋并举，且土法更为盛行，除前述者外，汞、金、银等也都基本上是土法采冶。

在这一时期的土洋并举的冶炼技术中，我国有些传统冶炼技术还是非常有特色的，如能取其精华发展成近、现代技术，可以想见，那时以至后来中国的冶金工业一定会有很不相同的面貌。

近代机械制造技术的初步发展

我们前面说过，近代机械制造技术的引进是从兴办洋务工厂开始的。但那时的重点是"造炮制船"，生产军火。清政府虽然能够采用一部分近代机械，但在长时间内对于生产各种近代机械，即所谓"制器之器"以及"耕织之器"一直持否定态度，并限制甚至禁止民间使用机器。那时各制造局所需设备都是依赖进口，并且设备的引进往往只是某些洋务大员个人的短期行为，因之多头而重复。设备能力较强的工厂也只是根据自我扩充的需要才去制造一些设备，机械制造潜力无从发挥。多数洋务工厂不注意人才培养，一些较大的制造局技术多仰仗外人。这些都使得当时的机械制造技术很难得到发展。

1895 年以后，情况有所改变。这时官办洋务工厂以及官督商办企业都日趋凋敝，而帝国主义各国根据"马关条约"却纷纷在华投资设厂，极大损害了国人利益，激起全国人民强烈不满。在这种情况下，镇压了

"百日维新"的清政府，被迫作出一些姿态，并终于宣布要"造机器"了，这比"造炮制船"前进了一大步。清政府还制订了一些鼓励发明创造或仿制进口货的政策措施。于是，各种民营工厂特别是机械制造工厂也就更多地兴办和发展起来。1895~1913年，新增机器厂不下数十家。规模较大的有求新制造机器轮船厂（上海）、扬子机器厂（汉口）、大隆机器厂（上海）、周恒顺机器厂（汉口）等。其中求新厂是朱志尧为"实业救国"于1904年建立的，较重视人才、技术，发展较快。然而这些民营机械厂在规模、技术、资金等各方面都远远敌不过外商有关工厂，无力与之竞争，在外商的控制与垄断下，发展极其困难。清末的十多年是中国近代机械工业的草创时期。

民国以后，原江南造船所、福州船政局等官办工厂等都被政府接管。但北洋政府时期军阀混战，使这些官办工厂技术发展受限。而民营工厂因要在竞争中求生存，相对较重视技术的消化与吸收，成为机械制造业中一支比较活跃的力量。特别是第一次世界大战期间和以后的几年内，西方列强无暇东顾，机械及其他商品的输入也大为减少，扩大了国产机械商品的市场，使民营工业包括机械工业都有较快的发展。但当时政局动荡，发展时间很短暂。这是机械工业的初步形成时期。

下面按机械制造的几个主要门类说一说这一时期（1895~1927）的技术状况。

机床设备方面。这方面发展较晚。洋务工厂只是根据自我扩充之需，才去制造，并不形成商品。民营厂较早的记载是 1910 年上海泰记机器厂仿制成钻床。1911 年求新制造机器轮船厂制造了一种多用冲剪机，一端剪钢板，一端冲眼，中间剪三角钢。1915 年上海荣锠泰机器厂采用与其他厂多厂协作的办法仿制出 4 英尺脚踏车床，1924 年时该厂已售出 200 多台。1920 年王生岳仿制出了 3 号万能铣床。1926 年上海丰泰机器厂和福昌祥机器厂分别制造出 1 号、2 号万能铣床。

动力机械方面。清末，江南制造局、福州船政局等都有制造船用蒸汽机的相当能力，制造水平较高。民国初年，江南造船所于 1918 年按美国提供的设计，为万吨级运输舰制造了 3000 马力巨型主机。该所还曾制成 3300 马力、每分钟 300 转的高速蒸汽机及其配套锅炉（1920）。当时一般民营机器厂能造 5～160 马力单缸或双缸蒸汽机以及 400 马力以下的蒸汽机配套锅炉，少数厂可造 400 马力的蒸汽机。内燃机方面，约在 1908 年广州均和安机器厂仿制成低速 8 马力煤气机，约在 1909 年，求新厂也仿造成 8 马力煤气机。这两台煤气机是中国最早的内燃机产品。1910 年求新厂又仿制成 25 马力火油发动机。1918 年上海鸿昌机器造船厂仿制成 12 马力柴油机及 60 马力双缸柴油机。

船舶制造方面。1912 年江南制造局造成"江华"号长江客轮，长 330 英尺，宽 47 英尺，吃水 12 英尺，排水量 4130 吨，3000 马力，时速 14 海里，船体、主机、锅炉均自制，吃水浅，船身灵活，省煤，是当时最好的长江客轮。到 1918 年江南造船所已能制造万吨级运输舰，20 年代陆续有万吨级轮船下水，该所所制川江浅水轮也有较高水平。只是江南厂技术上由外籍工程师把持，一直到 1927 年才有所改变。民营厂如求新厂 1908 年已能制造小型钢板客货快轮，到 1918 年，该厂造成了 3500 吨海运客轮"安华"号。

纺织机械方面。1910 年求新厂制成铁木脚踏织布机。1912 年上海家兴工厂制出手摇织袜机。1915 年福州广福铜店开始制造手摇织袜机。1918 年上海邓顺锠机器厂仿制出针织横机。从 20 年代起，已能仿制多种织机，如 1922 年大隆机器厂试制成一种能织平布、斜纹布、人字布等的织布机，1923 年上海铁工厂仿制成自动织布机，1927 年华胜厂仿制成电力织袜机等。

其他机械方面。从 20 世纪初起，各种小型机械如卷烟机、印刷机、冰棍机以及各种农产品加工机等均能仿制。

从以上可以看出，当时的技术水平还是很低很落后的，基本上还只是仿制一般的机械，而且也远不能满足当时国内的需要。

再说说当时的机械工程教育。清末只在京师高等实业学堂等有工程教育，并有机械专业。1918 年福州船政局设海军飞潜学校，设飞机、潜艇、轮机制造等专业。20 年代后，1921 年东南大学设机械工程系，同年交通大学成立也正式设立了机械工程系，这是高等机械工程教育的开始。清末，高等学堂师资多由外国人担任，民国后才开始有归国留学人员任教，但教材仍为外文的，20 年代开始才有人编写中文教材。最早有刘仙洲（1890～1975）编写的《机械学》以及内燃机及蒸汽机等方面的教材。

这一时期的机械工业总的来说，基础薄弱，行业不全，技术落后，机械工程教育可以说还只是开始。

6 电力和电器工业的发轫

电力与电器工业密切相关。电力是现代工业技术的命脉，而电器工业是为电力工业的电能生产、传输、变换、分配和使用提供设备的。在欧美诸国，一般是先有电器工业然后才有电力、电信事业，而在中国，则是先从国外购置设备，建立电厂与电信局之后才开始有了电器制造厂。

在我国土地上开始应用电力的时间，与英、美等国相当接近，那是英帝国主义在上海为欢迎美国总统格兰特路过，举办"水龙盛会"，于1879年5月运进一台7.5千瓦的引擎发电机，应用于电灯（英国本土也是在那一年1月才建电厂，美国是那年9月建电厂，法国最早，1875年即有电厂）。最早的电厂是英国商人戴斯等人开办的上海电光公司，1882年7月26日供电，发电能力12千瓦。此后，英、法、德、俄、日等国家先后在香港、天津、青岛、大连、旅顺等地设立了电厂。

我国自办电厂，则自张之洞始。1888年，他批准侨商黄秉常在广州总督衙门旁建厂发电，7月18日为电灯送电。同年，慈禧退居休养，修葺西苑（今中南海），并装设电灯。1890 年初，古老的宫廷里也亮起了电灯。其后到 1911 年为止，在各通商口岸城市也都有民族资本电厂相继设立。那一年的民族资本发电生产能力约为 1.2 万多千瓦，而帝国主义投资经营的则约 1.5 万千瓦。这一阶段是我国电业发展的创始时期。

从 1912 年起到 1927 年的北洋军阀统治时期，其间经过 1914～1918 年的第一次世界大战，这时同其他工业相似，民族资本电力工业也有所发展，但为时不长，即因帝国主义重新扩张在华投资而被压了下去。1924 年我国总计有发电厂 219 座，总装机容量 30.1 万千瓦，1929 年增至 724 座（其中民营 523 座，官营 17 座，外资 35 座，工厂自备 149 座），装机容量共达 835366 千瓦（其中民营 206138 千瓦，官营 47840 千瓦，外资 273262 千瓦，工厂自备 308126 千瓦）。这一阶段是我国电力工业的初步发展时期。

从技术水平上说，我国最早筹建、自行选厂址、规模较大的民营火电厂是常州戚墅堰发电厂。该厂建于 1921 年，1925 年发电，安装有 2 台 3200 千瓦汽轮发电机。我国最早兴建的水电站是 1907 年建的云南螳螂川上的石龙坝水电站，装有 2 台 300 千瓦水轮发电机（在我国国土最早的水电站则是 1905 年建的台湾龟山水电站）。输电技术方面，我国 1897 年输电最高电压为 2 千伏，1908 年云南建成我国最早高压输电线路，电压 22 千伏，从石龙坝电站至昆明城区万钟街变电所，全长 30 公里。

再说电器工业。我国最早的电器工厂是 1905 年

（光绪三十一年）直隶工艺总局在天津建教育品制造所，仿造日本的各种教学用品，其中电磁学教具中有电扇、弧光电灯及干、湿电池等20余种，这是中国第一家电器工厂。1911年则有上海交通部电池厂。此后开始有外商设立的电器修造厂、灯泡厂以及生产电话机与交换机的电信工厂等。最早的民营电器工厂是1914年钱镛森办的"钱镛记电器铺"，1922年后改称"钱镛记电业机械厂"，1918年该厂仿制成功直流电动机。1916年，叶有才、杨济川等创立"华生电器厂"。自学成才的杨济川于1914年即已试制成我国第一台电扇，1925年华生电扇已畅销国内及南洋、印度等地，1917年该厂制成国产第一台变压器，1919～1922年间制成多种直流发电机，1926年制成容量为150千瓦的国产交流同步三相发电机。最早的民族资本的灯泡厂是1924年胡西园建的亚浦耳灯泡厂。最早的民族资本的电池厂是1925年的汇明电筒电池厂，生产的"大无畏"牌产品颇有名气。1927年由留美物理学家丁佐成建的大华科学仪器股份有限公司，是较早的电气仪表厂家，1929年起生产各种类型的交直流电表。

发电设备方面。水力发电设备：我国自制的第一台水轮机是纪延洪于1927年研制成功的功率为3千瓦的上击式水轮机，配套的水轮发电机为汽油发电机改制，该机组安装在福建夏道电站。内燃机发电设备：1925年7月，支秉渊等建新中工程有限公司，先后仿制成各种1至4缸，100马力以下柴油机，同时华生电器厂亦制成相应容量的发电机与之配套。这是中国自制的第一批柴油发电机组。

总的来说，我国的电器工业比欧美起步要晚得多。据查，干电池的生产晚 46 年，灯泡晚 35 年，交流电机晚 36 年。从 20 世纪初到 1927 年这一段时间是我国电器工业的初创时期。

7 中国近代建筑与建筑科技

中国的古代建筑是别具一格、富有特色的，到了明、清时期已形成了完整、成熟的建筑体系。但它也是与封建的政治、经济、文化体制相适应的，因而表现了在类型上、技术发展上的严重停滞与落后。中国的近代建筑类型与近代建筑技术则是在鸦片战争以后逐步产生和发展的。

鸦片战争后，由于一个个丧权辱国条约的签订，清政府开商埠、割领土、辟租界。这些地方成了帝国主义的侵略基地，在这里先后建起了许多有着殖民地色彩的各种建筑。甲午战争后，中国殖民地化加深。各个帝国主义国家除了扩大商品倾销和原料掠夺外，竞相加强对中国的投资。中国的铁路几乎全部被外资控制，铁路修到的地方也就成了帝国主义的"势力范围"。为其资本输出服务的建筑，如工厂、银行、火车站等类型增多了，建筑规模也有扩大，供侵略者奢侈生活享受的娱乐建筑及花园住宅也开始涌现。到了 20 世纪二三十年代，由于军阀、地主向租界聚集，帝国主义经济侵略的进一步扩张，以及以国民党四大家族为首的官僚资产阶级垄断资本的形成，他们都进行许多建筑活动，因而使得许多大城市畸形扩张。1931年后东北沦入日寇之手，日本帝国主义出于政治、军事与经济掠夺的需要，也进行了各种建筑活动。这一时期，各种建筑的规模更扩大了，不少城市开始有了八九层的建筑，上海则出现了28座10层以上的高层建筑。抗日战争前的20年间，建筑技术水平有了很大提高。其后直至全国解放，由于抗日战争和解放战争，整个中国的建筑活动就比较少了。这样，在中国沿海以及内地，新式的以至于带有殖民地色彩的各种近代建筑和原有的特别是广大农村、乡镇世代相袭的传统建筑，互相映照，向人们展示了这一时期的社会风貌与特定的历史文化背景，成为中国近代半殖民地半封建社会的最好的见证。

先说说这一时期的建筑形式或类型。

从整体上看，在城市建设方面形成了不同类型的近代城市。有殖民地半殖民地式资本主义新城市，包括帝国主义侵占的港、澳以及台湾的一些城市，还有沿海及东北一些城市的租界地和交通工矿附属地，如上海、天津、汉口、青岛、哈尔滨、旅顺、大连、湛江、广州、厦门等。有因民族资本、官僚资本工矿企业的开办或交通的发展而兴起的城市，如唐山、南通、无锡、大冶、锡矿山、郑州、蚌埠、石家庄、宝鸡等。有由古代旧城市变化发展起来的半殖民地城市，包括商埠城市和各级政权统治中心城市，如福州、宁波、烟台、营口、苏州、杭州、宜昌、芜湖、沙市、重庆等，以及北京、南京、安庆、兰州、长沙、太原、昆明等。

中国的这些城市在工业、交通运输、公共建筑与居住建筑、市镇工程与公用设施等方面比传统封建城市有显著的改进与发展。也由于经济发展的不平衡性，城镇的分布、发展亦极不平衡。近代城市多分布于沿江沿海地区，多具有消费性与寄生性。许多城市一边是外国人的特殊区，一边是中国人拥挤简陋的建筑，高楼大厦、高级住宅与贫民窟、棚户区构成鲜明对比。

工业建筑方面，近代工业建筑是随近代工业的产生而兴起，也因工业种类的不同而有不同类型。引进的新的建筑技术，主要有钢结构与钢筋混凝土结构两大类。由于工业布局与发展的不平衡性，即70%在沿海，30%在内地，因而工业建筑的分布也不平衡。此外，工业结构上重工业仅占28%，工业生产品种不配套，缺少完整的体系，也造成建筑类型存在很大的局限性。

居住建筑方面，在广大农村集镇、边远地区及少数民族聚居区，甚至大中城市中，居住建筑还是传统形式的继续，一般具有因地制宜、因材致用、经济实惠、简朴大方等优点。如徽州明代住宅、北京四合院、苏州住宅、闽南客家土楼住宅、云南一颗印住宅、河南窑洞住宅和蒙古包以及维吾尔、藏、傣等少数民族住宅，等等，聚集了劳动人民的智慧，是传统建筑遗产的重要组成部分。在大中城市则出现了不同类型的居住建筑。有独院式住宅，有高层公寓住宅，以及成行成排的平房住宅，密集的里弄住宅，居住条件极为恶劣的棚户住宅等。

公共建筑方面，从 20 世纪初起，在大中城市逐渐出现了公共建筑的新类型。比如行政会堂建筑，早期主要有外国侵略者的"领事馆"、"工部局"、"提督公署"和清政府的"新政"活动、军阀政权的"咨议"机构、商会大厦等。多采用欧洲古典主义以及所谓折中主义（以追求艺术造型为重点的一种设计思想）的宫殿、府邸的通用形式。到 20 世纪 20 年代以后的国民党政府的办公楼、市府大楼和大会堂则采取了所谓"中国固有形式"（模仿中国传统建筑的折中主义造型）。此外，还有追求高耸、宏大的体量与坚实、雄伟的外观与内景的银行建筑，以及火车站、汽车站、航运、航空、邮政建筑等。这些建筑也都不是传统的木构架体系的，反映了近代建筑发展的一个重要侧面。

从建筑技术上看，一些新类型的建筑使用钢铁、水泥等新材料，采用了砖石钢木混合结构、钢架结构、钢筋混凝土框架结构等新结构方式。按时间的先后大致经历了三个阶段：

砖（石）木混合结构。19 世纪中期以后，较多使用这种结构，流传较广。主要特点是砖石承重墙，木架楼板，人字木屋架，并大量使用拱券。使用材料仍是传统材料，但较木构架体系结构更为合理。这种砖混结构在施工质量高的情况下，可做到 4～5 层甚至 6 层。

砖石钢骨混凝土混合结构。出现于 19 世纪末 20

世纪初，以砖墙承重，楼层、楼梯、过梁、加固梁用钢筋混凝土，为近代多层建筑常用结构方式。

框架结构。又分为现浇钢筋混凝土框架结构与钢框架结构两种结构方式，这种结构是随多层、高层建筑的发展而得到应用的。1925 年以前，我国尚未有超过 10 层的近代建筑，主要采用现浇钢筋混凝土框架结构，钢框架结构用得较少。1908 年建造的 6 层楼的上海电话公司，是我国第一座钢筋混凝土框架结构大楼。而到了 1925 年以后，高层建筑渐多，钢框架结构也就用得多起来。1936 年建的上海中国银行（高 17 层），1931 年建的上海国际饭店（高 24 层），就采用了这种结构。为防火，钢框架外多包以混凝土。工厂建筑的厂房结构早期多采用砖木混合结构，而到 20 世纪后，也多采用钢结构和钢筋混凝土结构。

最早的新建筑设计，为外国洋行打样间所包揽，辛亥革命以后开始有中国的土木工程师与建筑设计师，到 20 世纪二三十年代，中国建筑师人数有一定幅度增长，并开始在上海、南京、天津等地组成建筑事务所。20 世纪 20 年代末在中外建筑师参加的南京中山陵和广州中山纪念堂的悬奖设计竞赛中，青年建筑师吕彦直（1894～1929）都获得了头奖，而第二、三名也是中国建筑师。中国的建筑师们从"中国固有形式"（上述中山陵、中山堂等即是）开始，对中国建筑式样进行了不断探索，在各地的建筑设计活动中显示了才华，作出了出色贡献。

建筑教育方面，中国近代土木工程教育早于建筑教育，早期留学生也都是学习土木工程的。近代建筑教育最早的是 1923 年苏州工业专门学校设立的建筑科，1927 年并入南京中央大学改为建筑工程系。此后直到抗战期间，各高等院校设建筑系科的逐渐增多。

较具规模的建筑研究机构有 1928 年成立的中国营造社，社长朱启钤，主要研究人员有梁思成（1901～1972）、刘敦桢等，研究任务主要为整理古籍和调查测绘古建遗构。梁、刘等对中国建筑史学的开创有重要贡献。

8 中国近代地质学的奠基

中国近代地质学的启蒙是 19 世纪 70 年代以后开始的。

最早的地质学书籍是华蘅芳与人合译的《地质学浅说》，原著者是英国著名地质学家赖尔，译本于 1872 年由江南制造总局出版。此后还有一些关于矿物学的书籍翻译出版。

20 世纪初，政府选派的留学生中也开始有学习矿业和地质学的。先后出国分赴美、日、英、比利时等国留学的就有王宠佑（1901）、顾琅和周树人（1902）、章鸿钊（1906）、丁文江（1902）、李四光（1903）、翁文灏（1908）等人。

最早中国学者自己写的关于地质学的文章，是周树人（即鲁迅）用"索子"的笔名发表在 1903 年 8 月 20 日的《浙江潮》杂志第 8 期上的《中国地质略论》。

该文不长，仅 6000 字，内容基本上是"综合情报工作"，对地质学作了注释，论述了中国地质的形成和发展过程。其后，周树人还和顾琅一道编写了《中国矿产志》及其附件《中国矿产全图》于 1906 年 7 月在上海出版。而中国第一本普通地质学教科书《地文学》(1905) 则是张相文 (1866～1933) 编写的。他是我国早期著名的地理学者和地理教育学家。他编著的《初等地理教科书》(1901)、《中等本国地理教科书》(1902) 很有影响，是我国最早的地理教科书。张相文还是 1909 年创立的"中国地学会"的创始人和我国最老的自然科学杂志《地学杂志》的发起人。以上书刊对于唤起民众开发祖国矿业、学习地质学具有启蒙作用。

中国学者们有组织的地质调查，是从民国以后特别是 20 世纪 20 年代以后进行的。此前上溯到 19 世纪 60 年代的地质考察则由外国人进行并垄断。帝国主义国家为掠夺中国的资源，进行殖民主义侵略，曾多次派出考察团来华活动，比如普鲁士的李希霍芬就先后来过两次。尽管这些人的考察成果反映了一些客观规律，但其明显的政治背景不容忽视。从 1913 年地质研究所和地质调查所创立到抗战爆发以前，中国地质学家主要依靠自己的力量在全国范围内建立起中国的地层系统，标志着中国地质学的奠基。中国地质学公认的主要奠基人有章鸿钊、丁文江、翁文灏和李四光。

章鸿钊 (1877～1951) 号演群，浙江湖州人，1911 年在日本东京帝国大学学成后回国，同年秋担任京师大学堂农科大学的地质学课程，虽时间不长，但这是中国地质学者在中国的大学讲授地质学的第一人。此后（1912）他担任南京临时政府实业部矿务司地质科科长，政府迁北京后，实业部改工商部，他仍任下设的地质科科长，是中国第一位地质科长。他在南京临时政府时即提议创立地质研究所，招收学生，培养地质人才。1913 年，继任地质科长的丁文江在地质研究所成立后，聘章鸿钊为主讲教师、代理所长和所长。他还在多所高校担任地质教学工作。1922 年，中国地质学会成立，他被推举为会长。他的著作有《石雅》、《古矿录》、《中国温泉志》等。其中 1921 年出版的《石雅》，是中国第一本材料丰富、考据精详的考古地质学专著，在日本亦有盛名。章鸿钊是一位为了"欲国之不贫且弱"，而甘愿"披荆棘，辟草莱"、"身任前驱"的地质界先辈学者。

丁文江（1887 ~ 1936）字在君，江苏泰兴人，1911 年从英国获地质学与动物学双学士学位后归国，与章鸿钊一起创办了地质研究所，首任所长，又创办了农商部地质调查所。他治学谨严，身体力行，长期从事地质、矿业的调查和研究。早在 1913 年冬他即率队沿正太线进行过地质调查，1914 年发表的《调查正太铁路附近地质矿务报告书》是中国地质学家第一个公开发表的学术报告。1914 年全年，他更只身出发，跑遍了滇东、滇北各地，并两渡金沙江，在地形复杂、天气多变的滇、川、黔地区进行艰苦调查。他还善于用人，为开创中国地质事业和古植物学事业，他聘请了瑞典著名地质学家安特生作农商部矿政顾问。安特生1914年来华，前后12年，将他一生最有作为的年华献给了中国地质开创事业。1916年又曾聘请著名古植物学权威赫勒来华。在整理北大地质系时（1920），他聘到了当时誉满欧美的名教授葛利普，请回来了李四光。而后来的古植物学家斯行健（1901～1964）、古生物学家杨钟健（1897～1979）都是经他派出去深造的。丁文江除前面提及的著述外，还著有《徐霞客年谱》、《中国官办矿业史略》、《扬子江下流之地质》等地质报告20余篇。

翁文灏（1889～1971）字咏霓，浙江鄞（yín 寅）县人，1912年在比利时获博士学位，是中国第一位地质学博士，翌年归国后即从事地质研究和教学，曾任农商部地质调查所所长和清华大学代校长。他首先提出燕山运动在中国的存在及在中国地质史上的意义，著有《中国矿产志略》、《甘肃地震考》、《中国山脉考》、《地震》、《椎指集》等，并与丁文江合编有《中国分省新图》和《中华民国新地图集》，是中国最早据实测资料、按等高线用分层设色法绘制的地图集。1936年以后，翁文灏长期从政，未能再从事地质事业。

李四光，被称为中国"最卓越的地质学家之一"，我们在后面将专门谈到他。

从学术成就上说，中国地质学的奠基工作主要有三方面内容，即地层系统的建立、构造地质学以及矿产地质学研究。

关于地层学研究，最早是葛利普和孙云铸带领北大学生到直隶开平盆地所开展的工作，他们先后写成的专著《中国北部奥陶纪动物化石》（葛利普，1922）、《中国北部寒武纪动物化石》（孙云铸，1924），被认为是中国北方下古生界地层分类的奠基性工作。李四光的䗴科研究（1923，1927）和赵亚曾的长身贝研究（1925，1926），解决了外国学者半个世纪没能解决的华北中上石炭纪划分问题。此后还有许多学者对中国新生界进行了研究，并导致了裴文中对北京猿人头骨化石的重大发现。

在构造地质学方面，1916年章鸿钊、翁文灏、丁文江就指导学生们对北京西山进行了研究，研究成果由叶良辅执笔，写成《北京西山地质志》，于1920年出版。该书中构造地质部分对北京西山的褶皱、断裂、火成岩侵入以及不整合等地质现象进行了描述，资料丰富，记载翔实，这也是中国学者的第一部区域地质学专著。1927年，翁文灏发表的《中生代以来中国东部的地壳运动和火成活动》是中国学者研究构造运动的第一篇重要论文。它系统地总结了有关学者的研究成果，将中国东部造山运动划分为秦岭期、燕山期、西岭期、陇山期四个时期，首先提出了中生代大规模的地壳运动，并命名为"燕山运动"。1929年丁文江又发表《中国的造山运动》一文，明确提出古生代以来中国有三次重要的造山运动：加里东、海西、燕山。中国学者关于燕山运动的发现是这一时期中国和太平洋区域地质学的重大成就。1926年李四光发表了《地球表面形象变迁的主因》一文，创造性地提出地球自转速率的变化引起全球性大地构造的见解。这些观点形成了他以后进一步创立的地质力学的基础。此后他又发表《东亚一些典型构造型式及其对大陆问题的意义》一文，将东亚构造型式划分为按照等间距分布的五个东西向构造带。总的来说，中国学者们包括在华工作的美国教授葛利普在构造地质方面学术思想的基本倾向是活动论，和那时在西方充斥一时占主导地位的形而上学的固定论形成鲜明的对照。

在矿产地质方面的研究，丁文江（1914）、章鸿钊与翁文灏（1916）对区域岩浆活动和成矿作用的研究做了开拓性工作。1920 年，翁文灏发表《中国矿产区域论》，首次划分中国东部成矿类型、区域和时代。他提出成矿规律问题比苏联学者要早十多年。此后又有叶良辅、王恒升的研究。特别是谢家荣，他将造山、火山和成矿作用综合到一起，指出中新生代是中国东部最重要的成矿时代，从而发展了翁文灏的中国成矿区域论的思想，翁、谢二人是中国区域成矿规律学的奠基人。

此外，翁文灏于 1921 年考察甘肃东部地震的论文，是中国人第一篇较重要的地震学著作。

应当提及，有许多外国专家曾为中国的地质事业作出了重要贡献。这里特别要说一说葛利普（A. W. Grabau，1870～1946），他 1920 年应邀来华，直至逝世，后半生是在中国度过的，有理由认为他实际上是中国地质界的一员。他是一位跨越 19 至 20 世纪的地质、古生物学界继往开来，著述等身的一代宗师。来中国后他为中国的地质事业和教育事业献身，在地质科学方面继续作出了重大贡献。北平沦陷期间，他居家不出，专心著述，严厉拒绝了日伪请他任教的要求。一个外国人，能够这样做，是很感人的。1946年，葛利普教授长眠在他曾长期工作过的地方——北大校园。正如章鸿钊悼念他所写的那样："廿载他乡成故国，魂也依依！"

9 苦难深重的中国近代天文、气象事业

　　天文学和气象科学像是一对孪生姐妹，在古代常常被一起观测研究。中国近代最早出现的观测台站中，也曾将它们合在一道。这使近代中国的天文气象事业在一段时间内有着类似的经历。

　　天文和气象在我国曾经是高度发展的科学，但到了明代中叶以后极大地衰弱了。它们走向近代的主要标志，一是西方近代天文与气象知识的传播，天文学方面特别是哥白尼学说在中国的胜利；二是近代天文台站与气象台站的建立。后者是伴随着帝国主义的侵略而来。因此，中国近代的天文与气象事业一开始就被沉重地涂上了殖民地和半殖民地的色彩。

　　我们已经说过，最早的西方天文知识是从明末开始传入的，但还只是第谷体系的。哥白尼的日心说为教会所反对，因而迟迟未能传入中国。清初波兰耶稣会士穆尼阁曾将哥白尼学说作过某些透露，但范围有

限。到梅瑴成、明安图等的《仪象考成续编》，传教士戴进贤仍采用的是地心系的椭圆运动定律，因而是颠倒了的开普勒定律，而后法国传教士蒋友仁主动传授日心说，竟被认为是"邪说"。乾嘉学派的泰斗阮元更对哥白尼的学说进行过猛烈的攻击，认为是"上下易位，动静倒置"，因而是"离经叛道，不可为训"。后来戴煦的长兄戴熙等也同样反对哥白尼学说。清代统治者以及阮元等的顽固不化使该学说的传播受阻近一百年，直到鸦片战争时期，魏源在《海国图志》中才首次公开了哥白尼学说。1859年，李善兰翻译了英国著名天文学家约翰·赫歇尔的名著《谈天》（原名《天文学纲要》，1851年版），在序言中李善兰批评了阮元、钱大昕（亦为乾嘉名流）等反对地动说的种种谬论。1874年在《谈天》增订版中，徐建寅又把到1871年为止的西方最新天文学成果补充进去。至此，西方当时的近代天文学知识大部传入我国，地球绕太阳运动的真理才在中国得以广泛传播，并被迅速用来作为与封建思想作斗争、进行资产阶级民主革命的重要武器。

西方气象知识的传播，最早在1659年比利时耶稣会士南怀仁带来了西方比较近代的气象仪器温度表和湿度表。其后有法国天主教士哥比在北京设立了测候所（1743）。1755～1760年又有耶稣会士阿弥倭在北京进行了气温、气压、云量、雨量、风向等观测。到1841年又有俄国人在中国进行的气象观测，1849年他们竟不顾中国的主权，私自建立地磁气象台，并最终成为俄国政府设在中国的侵略性机构。随着以后各国传教士的大量涌入，中国的气象事业便直接陷入外国人手中了。

气象知识方面的书籍，则是在鸦片战争以后才有出版。华蘅芳与人合译的《测候丛谈》、《御风要术》和《气学丛谈》，是我国最早翻译的近代气象学书籍。

在教育方面，最早的天文、气象教育是在教会学校开始的。1845年上海圣约翰书院中设有天文科，1864年在山东创立的文会馆内也曾有天文科，后该馆与他校合并，1917年迁济南成为齐鲁大学，设天算系。而国人自办的教育最早是北京同文馆内的天文算学馆，并于1867年招收过30名学生，但毕业时仅剩10名，且都无大作为。直到1902年京师大学堂格致科下设天文学目，才开始培养有用人才。

清代末年，作为官方天文机构的钦天监本已因人才匮乏、条件不足、又无动力而不能开展什么工作，1900年则又经历了八国联军的洗劫，至此，完全没落了。八国联军之役，德国侵略军劫走了玑衡抚辰仪、浑仪、天体仪、地平经仪和纪象仪。法国侵略军劫走了赤道经纬仪、黄道经纬仪、象限仪和简仪。法国劫走的仪器因是放在其使馆内，在我国人民强烈抗议下于第三年归还，而德军则劫运回国，直到1921年根据凡尔赛和约才运还我国。

与此相对照的则是帝国主义分子为其侵略服务的近代天文与气象台站的建立。他们先后在我国许多地方设立观测台站，多由教会操纵。1872年法国天主教会设立了徐家汇观象台，工作分气象、地震和授时三个部分。1901 年所设佘山天文台，是徐家汇台的一部分。1879 年以后，徐家汇台开始设立海关测候所 30 余处，成立天气预报机构。在那次法国不宣而战的中法战争中，侵略军就曾利用了该台的资料。1907 年 6 月 30 日起，徐家汇台开始绘制天气图，1914 年法租界工部局公然建立无线电台，开始用无线电与各地通报情况，然而却拒不向中国自己建立的观象台通报。在国际气象会议上他们公然以远东一员参加，竭力降低中国代表的国际地位，有时甚至不准刊登中国学者的论文。1916 年还发生过他们恣意歪曲攻击中国所颁布的历法的事情。

1895 年，日本在台北建立测候所，1896 年更在台湾全省增设测候所 72 处。

1897 年，德帝国主义进占青岛，次年强租胶州湾，在青岛建气象台，1900 年改称"气象天测所"，1911 年定名"青岛皇家观象台"，主要进行气象、天文、地磁、地震、潮汐等观测工作，并辖济南等地测候所十余处。第一次世界大战时日本乘机霸占胶州湾，该观象台更名测候所。五四运动爆发后，1922 年胶州湾才归还我国，1924 年测候所由我国正式接收，又更名观象台，而该台的日籍人员赖着不走，北洋政府无法，其后的国民党政府也一样软弱无能，这样一直到 1937 年，该台重又陷入日本人的手中。

我国自己的近代天文气象事业是从民国初年开始建立的。1912 年南京临时政府成立后，即由教育部筹建中央观象台，以发展国家自己的历象事业。据当时临时大总统公布的参议院决议，南京紫金山观象台设天文、历数、气象和磁力四科。第一任台长为留学比利时的高鲁（1877～1947）。1922 年 10 月 30 日在北京成立了中国天文学会（首任会长蔡元培）。1924 年，由蒋丙然、竺可桢（1890～1974）发起，成立了中国气象学会，气象科学也于此时开始从天文学中独立了出来。这一时期因军阀混战、封建割据、经济枯竭，给天文、气象事业造成极大困难。以气象台站的建设来说，虽曾拟议并经 1914 年北洋政府农商部通令各省建立气象测候所 26 处，但未过一年，仅剩下 3 所在勉强维持。此外，虽也有一些私人与单位的气象台与测候所，但并不能形成统一的气象网点。中央观象台于 1916 年起试行天气预报，后因人力物力缺乏，而于 1921 年中止。而到 1926 年，随着北洋军阀的垮台，观象台终因经费无着而处于奄奄一息的境地。

10 进化论在中国的传播与中国近代生物学的奠基

鸦片战争后，近代生物学知识开始在中国传播。首先传入的是生理学以及博物学中的动植物知识，其后又有动、植物学的传入，如李善兰就曾与人合译了《植物学》8 卷。而达尔文进化论的传播则比较晚。因为最早的近代生物学知识也是由传教士们传播的，他们认为各种生物都是由上帝创造的，因而物种也是固定不变的。教会极力反对进化论的观点及其传播。

　　1859 年达尔文的《物种起源》发表后，震动了整个西方世界。他的生物进化理论，第一次把生物学放在完全科学的基础上。在中国，最早提到他的学说的是 1873 年华蘅芳与人合译赖尔著的《地学浅说》，其后 1891 年格致书院编《格致汇编》中也曾正式报道了进化论，只是这两者均未提到达尔文的名字。最早提到达尔文名字的是严复，那是在 1894～1895 年的中日甲午战争后，面临帝国主义瓜分中国的形势，严复开始把达尔文的进化论介绍来中国。他在《原强》（1895）这篇文章里首先介绍了达尔文及其学说，紧接着又翻译了达尔文主义者赫胥黎的《进化论与伦理学》的前半部，取名《天演论》，也就是进化论。

　　由中国人自己介绍西方先进科学也是从严复开始的（此前从徐光启、李之藻直到李善兰、华蘅芳和徐寿都是由传教士口述而进行翻译的，因而译书受到一定限制，严氏则自己直接进行翻译）。严复介绍进化论主要不在于传播生物学知识，他的着眼点是"物竞天择，适者生存"、"优胜劣败，弱肉强食"的观点，以号召人们救亡图存，"与天争胜"，是为变法维新提供思想武器的。这后来也成了直到五四运动时期人们反帝反封建争取生存而斗争的鼓动口号。

　　中国古代的生物学知识主要是来自药物学、农学等的研究。比如前面提到的吴其濬《植物名实图考》、《植物名实图考长编》等虽是从药物学角度出发的，但开启了近代植物志的先河。中国近代生物学研究是从进化论及其他西方生物学知识传入后并与古代传统知识交融开始的。民国初年以后，中国近代生物学开始了自己的奠基阶段。

民国初年，各个大学如金陵大学、北京大学、南京高等师范学校、东南大学等先后开设生物学课，开始了生物学教学和研究。随后，许多高等学校相继成立了生物学科，各生物研究所也相继成立。学者、专家们进行了大规模植物调查，采集标本，收集资料，并开始建植物园。

1922 年，胡先骕（1894～1968）和秉志（1886～1965）共同创立了中国科学社生物研究所和静生生物调查所，为发展我国动植物分类学创造了条件。而在中国近代早期大量采集标本的学者中特别要提到钟观光（1868～1940）。他 1917 年任教于北京大学生物系，从 1918 年起，率领采集植物标本队，前后 4 年，历经 11 个省，采集了 15 万号植物标本，创建北京大学植物标本室。1927 年他任教于第三中山大学（今浙江大学）时，又到天目山、天台山、雁荡山等林区采集植物标本 7000 多号，并创建了中国第一个小型植物园——第三中山大学植物园以及植物标本馆。钟观光在中国近代植物分类学方面做了大量开拓性工作。1919 年，陈焕镛（1890～1971）曾到海南岛调查植物和采集标本。1923 年他和钱崇澍（1883～1965）、秦仁昌（1898～1986）等曾到鄂西林区调查和采集植物标本。1928 年陈焕镛创建了中山大学农林植物研究所，对华南植物进行调查、采集和研究。

这一时期的科学论文与科研成果有，1910 年吴宗濂的《桉谱》，是近代研究桉树的较早著作。1916、1917 年，著名植物学家钱崇澍的《宾州毛茛的两个亚洲近似种》和《钡、锶、铈对水绵属植物的特殊作用》两篇科学论文，为中国植物分类学和植物生理学方面的最早著作。1918～1923 年陈嵘（1888～1971）在《中华农学会报》上连续发表《中国树木志略》28 篇，1923 年他还将历年所采集的树木标本带往美、欧植物研究机构进行对校，并在进一步调查的基础上编成《中国树木学讲义》，此后在此基础上编成《中国树木分类学》于 1937 年出版，共收录树木 2550 种，是近代第一部全面记载中国树木的专著。在 20 年代还有陈焕镛的《中国经济树木》（约 1923），有钟观光主编的《植物学大词典》，胡经甫（1896～1972）的《中国昆虫名录》，钱崇澍的《安徽黄山植物之初步观察》（1927），为中国地区植物学和区系方面的最早著作，此外还有李顺卿、胡先骕（1925）关于森林植物的论文等。

以上这些早期工作，为近代生物学在中国的发展奠定了初步基础。

11 西医传入影响下的传统医学

鸦片战争以后，西医开始在中国广泛传播，至清末，西医医院、诊所已经深入到内地以及许多乡村。西医的传入与发展，打破了几千年来传统的医疗局面，丰富了中国医学，但也使传统医学受到极大冲击。这种冲击，一方面是作为中西文化冲突的一部分；另一方面也是更主要的方面，是来自对传统医学的错误思想认识与主张。

清朝末年到民国初年，社会上以及医学界围绕着对中医评价问题展开了争论，并产生了一股怀疑、鄙视、蔑视中医，进而否定、扼杀中医的逆流。这种逆流的产生原因很多。从中医方面来说，它很早就形成了以辨证施治为核心的独特理论体系，但从未能和近代科学相结合。中医学的阴阳、五行、气血、脏腑、经络等学说，还是用古代传统的哲学概念来说明。中医的伤寒六经辨证也好，温病卫、气、营、血辨证也罢，都不谈病菌，而是归入环境与人的关系中。这样使一些具有近代科学知识特别是解剖学等知识的人很难理解和相信。有些人把中医看成是"玄学"，甚至认为是封建迷信的骗人把戏，更看不到中医把人体看成对立的统一，重视人和环境的关系这一整体观以及辨证论治的优越性。从西医方面说，19世纪西医在理论上机械唯物论和形而上学观点盛行。加之相当一部分西医，直接、间接受到帝国主义的奴化教育，有着浓厚的民族虚无主义思想，对传统文化一概加以鄙视，甚至一些思想进步的人士，也错把中医当做封建文化的一部分加以反对。这样一来，便使中医在相当长时间内受到种种歧视与打击，陷入了危机，给中医的保存发展带来了很大困难。

由于存在以上否定中医的思想基础，1914年北洋军阀政府的教育总长汪大燮竟提出废止中医的主张，企图用行政命令取缔中医，因受到中医界强烈反对，又有余德埙（xūn 勋）等联合各地中医组织了"医药救亡请愿团"，此事乃不了了之。后来到了 1929 年又曾有西医余岩（云岫）炮制了《废止旧医以扫除医事卫生之障碍案》在第一次中央卫生委员会议上通过，规定了六项具体办法来消灭中医。后虽未实行，但因西医一直掌握着行政领导权，并对中医进行宗派主义的排挤，中医的发展一直受到种种限制。

中医究竟向何处去，在中医内部也有不同的看法，既有认为西医不合国情以至否定西医的保守观点，也有以为中西医各有所长，中医有必要吸收新的东西以求发展的先进的认识，后者终至形成清末民初的中西汇通思潮。不少中医开始自发地学习西医，努力探索沟通中西医的可能性。一方面在理论上对中西医的特点加以分析比较，试图使中西医理论汇通起来，另一方面在临床上也采用一些西医诊疗方法，以中西医结合的方式进行治疗。然而中西医汇通派的医家们多缺乏近代科学的基本知识和研究方法，在理论上不免有臆测、推理以至牵强附会的成分，在临床上也只是简单的中西配合，因而这种汇通收效并不大。

中西医汇通派的代表医家有唐宗海、朱沛文、恽铁樵、张锡纯等。唐宗海（1862～1918）字容川，四川彭县人。他的基本思想是中西医各有所长，亦各有所短，因而要"但求折衷归于一是"，他对西医理论的认识则有不少牵强附会之处。朱沛文（约生于 19 世纪中叶）字少廉，广东南海人。他认为中西医"各有是非，不能偏主"，不能将两种医学硬凑在一起，应"通其可通存其互异"，认识比较客观。恽铁樵（1878～1935），江苏武进人。他比较科学地说明了中西医学的不同特点，认为中医重"形能"，主气化，顺乎自然，就是说重视人体生理在整个大自然系统随着四时阴阳而进行的运动变化。而西医重解剖和细菌，对病源和局部病灶比较重视，但缺点是反自然、执著，指出了当时西医机械唯物论和形而上学观点的要害。他还认为中医不应以《内经》为止境，主张今人应超过古人，应吸收近代科学知识。张锡纯（1860～1933）字寿甫，河北盐山县人。他对西医学说抱热情欢迎态度，主张"衷中参西"，即以中医为本，再寻求沟通中西医的道路。他在理论上以及临床实践上都进行了汇通的探索。他在理论上的汇通颇有片面及牵强附会的地方，但在临床上大胆并用中西药，对后人有较大影响。

以上医家不仅在中西医汇通方面作了许多探索，他们对祖国医学的继续发展也作出了一定贡献。

这一时期中医学虽处于十分困难的境地，但也还是有所发展的。尽管政府不准中医学校立案，但仍有不少私立中医学校兴办起来，也发行了一些中医学杂志。一般认为最早的中医学校是丁甘仁于1915年在上海创立，1917年正式成立的中医专门学校（也有资料说，1885年陈虬在浙江办了一所叫利济医学堂的中医学校，那就早了30年了），此后从1918年到1925年先后有包识生的神州医学专校、张山雷的中医专校、恽铁樵的中医函授学校、还有神州医药会办的神州中医大学等。医学杂志方面最早的有中西医合刊的1908年《医学世界》（上海），纯中医的则以1921年《中医杂志》（上海）为最早。到20年代，中西医合刊的以及纯中医的杂志先后多达400余种，进行了理论探讨与经验交流，对中医的继续发展与进步起到了一定促进作用。

这一时期总的情况是，由于传统医学本身的独特体系，以及在临床上对伤寒等热性病以及慢性疾患的治疗方面明显优于西医，而且在化学疗法与抗生素发明前的西医除外科以外对一般疾病并不比中医高明，因而中医虽受多方面限制、排挤、打击，但还是顽强发展着，仍然受到广大群众欢迎。于是，形成了近代中国医学上的长时期的中西医并存局面。

12 近代农业科技的引进与初步发展

我国的传统农业具有精耕细作的特点，注重多种经营，强调时宜、地宜、物宜，对能源的重复利用，产品的多层次利用，集约经营，合理地利用土地资源，趋利避害，抗逆防灾，维持一定生态平衡，等等都有着非常丰富的经验，历史上农业生产也有较高的水平。鸦片战争后，帝国主义各国把中国作为倾销过剩商品的市场和掠夺原料的基地，我国以农业与手工业为主的自然经济开始解体。甲午战争以后，随着帝国主义各国对中国的侵略与掠夺进一步强化，经济上的半殖民地化日益加深，农业也不断衰退。但由于农业生产的连续性，这一时期基本上还是传统农业科技的继承和发展。从这时起，随着第二次西学东渐的潮流，也开始有了若干近代农业科技的引进。所谓近代农业科技，主要是作为一门实验科学而和以经验科学为主的传统农业科技相区别。辛亥革命后，北洋军阀时期则因战事频仍，近代农业科技的引进、推广、发展的进程相当缓慢，建树不多。这期间是农业科技传统与近代相结合的开端。

耕作栽培技术方面。主要是传统的精耕细作方法的继承与发展，但已开始在近代栽培学、耕作学、土壤学等知识基础上进行多熟种植与合理轮耕。

选种育种方面。近代选、育种方法的引进是从1892 年引种陆地棉开始的，至民国年间对稻、麦、棉等都进行了良种选育。这方面是有过教训的。清末引种陆地棉时因未经过试验驯化，推广时也只是分发棉种，未对农民进行指导，因而收效甚微，退化严重，产量与品质甚至还比不上原来种植的亚洲棉。这促进了试验的开展，良种选育也从棉花开始进行。1912 年金陵大学即着手改良棉种，1919 年育成"百万棉"。其后 1921 年江苏南通甲种农业学校育成"鸡脚棉"。1922 年起，东南大学聘请美国专家柯克进行"棉作改良推广"，育成"青茎鸡脚棉"等多种良种，并据柯克意见，认为陆地棉当中的"脱字棉"适于黄河流域生长，"爱字棉"适于长江流域种植，进行推广，收到一定效果。1919 年，南京高等师范学校（次年改组为东南大学）的农科率先进行了水稻良种选育，育成的"江宁洋籼"和"东莞白"是我国运用近代科学方法育成的第一批水稻良种。其后，1920 年金陵大学开始水稻品种比较试验，以穗选法选育良种。1927 年起，丁颖（1888～1964）主持广州中山大学稻作试验场，用株选法也选育成几种良种。他于 1926 年在广州东郊发现了野生稻，并证明了它是栽培稻的原种，成为他后来用杂交育种法育成的"中山一号"的亲本之一。小麦的良种选育是 1914 年金陵大学农科首先开展的，不久即育成"金大 26 号"，这是用近代方法育成的第一个小麦良种。1925 年金陵大学先后与苏、皖、鲁、豫、冀、晋、陕 7 省农业试验场等协作进行了小麦育种工作。南京高等师范农科 1919 年开始小麦育种，1924 年（其时已改组为东南大学）育成"南京红壳"和"武进无芒"，其后于 1926 年（这时又改组为东南农学院）又育成"江东门"和"南宿州"良种。

土壤肥料科技方面。欧美国家于 1892 年始深入研究化肥制造，12 年后的 1904 年，我国开始使用化肥硫酸铵，此后到 1924 年的 20 年内处于宣传试用阶段。1925 年起，化肥的使用才有所增加。

科学治虫方面。1882 年法国始用波尔多液之后，中国于 1903 年有用该农药治李树"痈病"的记载。1909 年又有用以治马铃薯晚疫病的记载。1919 年起，中国部分省份始设昆虫局。1914 年开展了对安徽飞蝗的调查，1918 年对江苏水稻螟虫进行了调查，此后逐渐开始较大规模的科学治虫活动。

近代农业机具的推广方面。1880 年，天津附近即出现了一家以机器生产的新式农场。1898 年江苏南京附近有人买美国犁具"导农深耕"。1915 年浙江财阀在黑龙江呼玛创立机械化农场，从海参崴购入拖拉机 5 台和其他机械，是我国最早引进拖拉机的。此后各地陆续有近代农机具的引进。农产品加工方面，使用近代农机具则较为普遍，如榨油（1895～1899）、轧花（1880 年以后）、制茶、碾米等。1912 年常州奚九如用抽水机灌田成功。1913 年常州厚生机器厂成立，并开始生产抽水机。1920 年以后抽水机开始畅销，1925 年适逢江苏、浙江苦旱，加速了其推广。电灌 1924 年始于常州，其后苏州等地也开始使用。

畜牧科技方面。主要是国外良种引进。1904 年，陕西高宪祖等办"牧羊公社"，购入外国种羊，改良品种，是我国从国外引进良种之始。1905 年军牧司首先从欧洲引进种马和养马技术。1913 年，农商部第一种畜试验场引进英国的"哈犁佛"牛及"高丽牛"进行牛种改良。1918 年山西从澳洲引进美利奴羊。1923 年北京虞振镛从美国引进 12 头荷兰牛，建模范牛场，其后南京东南大学汪德章也从美国引进了荷兰牛，建立了鼓楼奶牛场。

蚕桑科技方面。主要是蚕种的改良。1899 年起浙江蚕桑学校即将该校多年培育成的良种向农民推广，湖北、江苏有关蚕桑学堂亦有此举，然而当时的品种都是纯种，抗逆力差，难于饲养，因而并不受欢迎。

20 世纪 20 年代后，我国改良蚕种制种场先后制成体质强壮、茧质好、丝量高的杂交种蚕种。1925 年浙江蚕桑学校制成一代杂交种万余张推广，为我国推广一代杂交种之始。1927 年镇江蚕种场开始大量制造和推广人工孵化秋蚕种。1919 年广州选育出一代杂交种"碧交种"，20 年代末开始推广，很受欢迎。

此外，在园艺科技、兽医科技、渔业科技等方面也都有近代研究与新的开端。园艺方面，对传统蔬菜栽培技术的验证改良、果树的引种与繁殖都进行了许多研究。兽医方面，从民国初年起沿海通商码头如上海、青岛、天津的商检局首先开始了血清、疫苗研制，之后渐及内地。渔业方面，1914 年在上海开始有了机轮渔业。20 世纪 20 年代从日本、朝鲜引进了海带、石花菜和裙带菜，开始了藻类养殖。

关于农业教育。最早的农业学校是浙江蚕学馆（1898 年 3 月 11 日）和湖北农务学堂（1898 年 8 月 17 日），20 世纪初各省相继办起了中等与高等农业学堂，1905 年京师大学堂也设立了农科。据统计，1907 年有高等农业学校 4 所，中等农业学校 15 所，初等农业学校 22 所，到 1921 年则分别有 12 所、79 所及 328 所，有了初步的发展。

四 从中央研究院到中国科学院（1928～1949 年）

1928 年，国民革命军的北伐结束了北洋军阀的统治，国民党政府宣布"统一告成"。但在国民党统治下的中国依然不得安宁。在抗日战争爆发前的十年间，先是其内部派系倾轧形成混战，接着是对红色根据地共产党革命力量的残酷"围剿"，战事连年不断。在此期间，1931 年日本发动了蓄谋已久的九一八事变，由于蒋介石的不抵抗，日本关东军迅速吞噬了整个东北，使已经变成半殖民地的大块土地沦为殖民地。1937 年，日本帝国主义又发动了七七事变，企图灭亡整个中国。中国人民被迫起而反抗，形成了全民族的伟大抗战。抗日战争的八年，是中国复兴的枢纽。因而这一时期中国科技的发展也可以抗战爆发为界分为前后两个阶段。

1928 年 6 月，根据孙中山先生生前创建中央学术院的规划，正式成立了国立中央研究院。院长蔡元培，总办事处设南京，在上海、南京等地设立了物理、化学、工程、地质、天文、气象、心理、动植物、历史语言、社会科学等 10 个研究所。其后，1929 年 9 月，北平研究院又继之成立，下设理化、生物、人地三大部，至 1935 年也发展成 9 个研究所。此时，全国已有 34 个研究所。这两个研究院的成立，是中国近代科技体系形成的重要标志。从此，中国有了专门的国家研究机关，它在组织、指导和联络全国科学活动方面起了很大作用。

这时，各门科学经过世纪初的萌芽与拓荒阶段，开始了初步发展。归国留学生增多，各大学也开始培养出不少人才。人才的成长使 30 年代的科学发展形成了一个短暂的高潮。工业技术方面也已有了微薄的基础，某些基础工业如机械工业已完成了其形成期，但因帝国主义的侵略掠夺以及买办资产阶级的垄断、压榨，发展依然十分缓慢，许多民族工业企业濒临破产。农业科技仍处于传统科技与近代科技交叉发展阶段，遭受这一时期巨大的天灾人祸，农业损失惨重。需要提及的是这一时期的水利，虽然有了先进的测量技术、通信技术以及水泥等新型建筑材料，但因吏治的腐败，在水利建设中偷工减料，贪污成风，水政极糟，蒋介石还曾将水利专款用作蒋、冯、阎大战的军费，以致许多地方堤防残破，灾害不断，根本无水利可言。仅以长江、黄河来说，1931 年长江流域发生波及 7 省的大水灾，1935 年长江中下游再次 6 省受灾。1933 年黄河决口 72 处，1935 年鄄城董庄再次决口。每次受灾人口少则三四百万，多则两三千万，共有数十万人被淹死。灾区损失惨重，人民流离失所。1938 年，日寇进迫开封，国民党军队在郑州花园口炸决黄河，虽阻止了日寇的一时进攻，但造成了7万平方公里的黄泛区，受灾人口上千万，且历时9年之久，这已完全是人祸了。

抗战期间，许多大学、科研机构被迫内迁，一部分工业企业也向内地迁移，大部分工矿企业则落入日寇之手。内迁过程中，无论是学校、科研机构还是工业企业都遭到不同程度的损失。工业进入了战时调整时期，许多科学研究被迫中断。整个损失无疑是巨大的。

然而，抗战也是一次全民动员。抗日战争期间爱国学者们同仇敌忾，许多人在极其艰苦的条件下推进了自己的研究。更有不少人直接投身到抗日救国斗争中去。还有一大批学者在民族危亡的紧要关头回国，用自己的工作支援抗战。老一代的物理学家、教育家胡刚复早在1931年日军侵略上海时，就曾挺身而出配合抗日战士重创日军旗舰"出云号"，1938年他和气象学家竺可桢领导浙大西迁途中，还在泰和县为民筑堤防洪、兴办水利。物理学家严济慈在抗战时于昆明制造压电晶体振荡器和五角测距镜，供抗日军队之用，还曾供给盟军。光学家龚祖同（1904～1986）于1937年放弃论文答辩，毅然从德国回国，于1939年制成中国第一台军用双筒望远镜和机枪瞄准镜。而中国近代生理学的奠基人之一，著名生理学家林可胜（1897～1969）于七七事变后，勇敢地参了军，率几万救护大军活跃在抗日战争后方。更有几百名专家、学者、工程师、医生奔赴共产党领导的抗日根据地延安，用自己的学识与劳动，为争取抗战以及后来的解放战争的胜利作出了积极贡献。

抗战中得到调整的工业，在技术上有所前进。抗战胜利后，工厂回迁，高校等亦多回迁。但此时的工业，因日本人撤退时的破坏，国民党的劫收，许多工厂一时难以开工。随后不久又因蒋介石发动内战，美货充斥，恶性通货膨胀，诸多原因使之进展甚少。科学技术从总体上看，也大抵如此。

1949 年 10 月 1 日，中华人民共和国成立，向世界庄严宣告，中国人民从此站起来了。11 月 1 日，中国科学院正式成立，郭沫若担任了院长。中国科学院接收了中央研究院和北平研究院等研究机构，并组建了若干新的研究所。新中国向广大科技工作者们展示了美好、广阔的前景，居留海外的专家、学者、留学生们纷纷回到了祖国。这时起，各种科研机构相继成立，学会也重新开展了活动。随着中国的经济恢复与大规模经济建设的开始，科学技术也呈现了前所未有的活力，得到迅速发展，历史揭开了崭新的篇章。

开拓前进的数学

中国古代，数学曾经达到过相当高的水平，产生过当时第一流的数学成果。但是到了明代以后，经历了几乎长达 300 余年的发展停滞过程。清代末年，我们从清代董祐诚、项名达、戴煦特别是李善兰等人的工作中看到，中国的数学尽管发展缓慢，还是有可能沿着传统的道路以自己特殊的方式走向近代，完成初等数学向高等数学的过渡的。但 1852 年以后，当李善兰本人接触到西方传入的近代数学之后，中国的数学就开始和世界数学完全融汇到一起了。西方近代数学的传入，促进了中国数学的发展，从此，我国的数学走上了世界化的道路。

从 20 世纪初，与其他学科相似，出国留学学习数学的人多起来。他们学成回国后，不仅带回来先进的数学知识，还带回来外国的研究方法和培养人才的经验。1912 年，北京大学创建了我国第一个数学系。此后全国各地大学也陆续有了数学系。这一期间出现了许多著名的数学教育家，如秦汾、姜立夫（1890～1978）、何鲁、赵访熊、陈荩民（1895～1981）等，还有不少在国内成才的数学家、教育家，如王锡恩（1872～1932）、吴在渊（1884～1935）等。他们先后培养了很多数学人才，为我国现代数学的发展作出重要贡献。如姜立夫，我国拓扑学的开拓者江泽涵和在美国的现代微分几何巨匠陈省身就都曾是他的学生。

20 世纪 30 年代，中国的数学又达到了一个小高峰，这一方面是由于留学生派遣，国内数学的发展，中国的数学已逐渐与世界沟通。另一方面是出现了一批爱国数学家，他们不仅取得了很多杰出的成果，还把国外先进的数学移植到中国来，变成中国自己的东西，这一时期是中国数学的振兴时期。我们说一说这时期的主要数学家。

华罗庚（1910～1985）是中国数学界的一面旗帜，是享有世界声誉的数学家。提到中国现代数学，一定得提到他的名字。他是从青年时代通过艰苦自学而开始步入数学殿堂的。20 世纪 30 年代起，他在数论和代数方面取得了突出的成就。华罗庚在家乡江苏金坛念完初中后考入上海中华职业学校，因家庭生活困难，只念了一年，就到原来读书的中学去当会计，但他一直坚持自修数学。19 岁开始写代数方面的论文，发表后引起国内数学界的注意，数学家熊庆来（1893 ～ 1969）最先发现了他这篇才华横溢的论文，便于 1931 年邀请他到清华大学，在数学系当助理员。此后四年中他在数论方面发表了十几篇论文。1936 年在叶企孙、熊庆来的推荐下，中华文化教育基金会保送他去英国剑桥大学留学。在剑桥，他主要研究堆垒数论。堆垒数论涉及把整数分解成某些别的整数和，华林问题、哥德巴赫问题等都是这个学科中著名的问题。他对这些问题进行了深入研究，并得出了著名的华氏定理。两年中他写出了 18 篇论文，使他在西方国家享有盛誉。1937 年，华罗庚回国，任教于西南联大。抗战期间，在生活异常困苦的情况下，他仍然写了 20 多篇论文，完成了他的第一本名著《堆垒素数论》。1946 年华罗庚去苏联访问，同年秋去美国依利诺依大学讲学，还对普林斯顿高等研究院等进行了访问。1950 年春，华罗庚毅然离美返国。

　　早在 30 年代，华罗庚与苏联数学家维诺格拉多夫开始通信，他们对于"三角和法"的发展，显著地改变了解析数论整个学科。如前所述华罗庚用这个方法研究华林问题、塔锐问题等都获得了优秀成果，并于

1940～1941 年完成了那本解析数论方面的重要著作，也是他的成名代表作《堆垒素数论》。但该书当时国内未能予以出版，1946 年苏联科学院出版了这部著作。书中主要结果迄今仍居世界领先地位，该书也因而成为 20 世纪经典数论著作。访美期间，他研究的范围扩大到多复变函数论、自守函数和矩阵几何。他在多复变函数论方面的研究，是他对数学的突出贡献之一。

美国数学家莱麦尔曾这样评论华罗庚，他说："华有抽取、抓住别人最好工作的不可思议的能力，并且能确切地指出他们的结果哪些是可以改进的。他有许多窍门，他广泛阅读并掌握了 20 世纪数论的至高观点，他的主要兴趣是改进整个领域。"

陈建功（1893～1971），浙江绍兴人，是我国现代数学史上一位出色的数学家，在我国函数论方面起着开创性作用。他曾三次东渡日本求学，第三次是 1926 年。在 1929 年获理学博士学位后回国在浙大任教，此后长期在大学任教和从事科学研究。早在 1921 年，他在日本东北帝国大学数学系上一年级时，就发表过一篇具有重要意义的论文《关于无穷乘积的一些定理》，是我国学者在国外最早发表数学论文的两人之一（另一位是留美的胡明复）。

陈建功是我国"三角级数论"、"复变函数论"、"实函数论"、"函数逼近论"等数学分支的学科带头人，推动了我国数学向世界先进水平迈进。从 20 年代到 40 年代末，他先后发表过 30 多篇有创造性的学术论文，包括正交函数、傅立叶级数、单叶函数、黎卡提微分方程等多方面的重要成果。1929 年他写成的《三角级数》一书，是世界上第一部这方面的专著，比齐格蒙特的《三角级数论》早 6 年。由于该书使他取得日本理学博士学位，在日本，他也是第一个取得这一荣誉的科学家，当时曾引起轰动。

在几何学方面，代表人物是苏步青，他 1902 年生于浙江平阳县，20 年代留学日本东北帝国大学，专攻微分几何。1931 年他继陈建功之后，成为我国第二个获日本国家理学博士的人。随后，他怀着满腔爱国热情，回到灾难深重的祖国，决心为振兴祖国数学而努力。在他受聘于浙江大学数学系后，陈建功还把系主任的位置让给他，一时传为佳话。1931 年，他倡导组织两个数学讨论班，分别研讨微分几何和函数论，由他与陈建功主持。在抗日战争的艰苦岁月中，在浙大内迁的困难条件下，他们在贵州山洞里仍坚持讨论班的活动。1942 年，学校西迁遵义时，他写出了在几何方面具有创见性的名著《射影曲线概论》。由于战乱，当时未能出版，它的出版并译成英文，得到国际上的高度评价与重视，则已是 50 年代以后的事了。

还有许宝騄（1910～1970），原籍杭州，出生于北京，1949 年前发表的论文共有 24 篇。他在概率论与数理统计方面，对马尔科夫过程、极限定理等有杰出贡献，是我国最早达到世界水平的数学家之一。

还有许多中国的学者们在现代数学的多个领域与分支作出了努力，取得出色成就。

数理逻辑方面。说起来，我国是逻辑学发展最早的国家之一，例如《墨子》中小取篇即为一篇丰富的逻辑著作，然而后来再没有人继续研究。近代数理逻辑是与逻辑学、数学、语言学等都有本质联系的一门科学。1936 年，金岳霖（1895～1984，哲学家、逻辑学家）著《逻辑》一书，第一个把数理逻辑介绍到中国。1938 年，潘梓年（1893～1972，哲学家）著《逻辑与逻辑学》一书，试用辩证唯物主义阐释数理逻辑。

在函数论方面还有熊庆来的工作，30 年代他在整函数和半纯函数方面都取得不少重要成果。

在数论方面，柯召对"欧几里德域"和二次型方面都有贡献。张德馨、闵嗣鹤等也都作出了不少成绩。

拓扑学，是一门研究连续性现象的重要数学分支。江泽涵是最早把拓扑学移植到中国来的学者，他培养了我国第一代拓扑学人才。

20 年代到 30 年代，我国已有了一支数学教师队伍，能独立培养中高级人才；从 30 年代起和世界各国数学界也取得较广泛联系。1935 年 7 月 25 日中国数学会成立，1936 年以苏步青与顾澄分别为总编的《中国数学学报》、《数学杂志》出版。此外，还有李俨、钱宝琮、章用等对数学史进行了许多研究。这些，对我国近现代数学的发展都起了一定推动作用。

❷ 中国物理学家的杰出成就

中国近代物理学知识的传播虽自 19 世纪末即已开始，但"物理"这一学科的定名则还是 1900 年的事，其开拓与奠基工作也是在 20 世纪前两个十年开始的。和其他学科一样，近代物理学在中国的发展也主要是通过留学生派遣、学制改革后的学校教育、研究所与学会的建立等逐步实现的。

我国第一、二代近代物理学家主要是在国外培养的。灾难深重的近代中国，科学研究条件差，物理学的发展更缺少工业基础的支持，因而许多学者的重要成就多是在国外取得的。但他们是爱国的，怀着"科学救国"的赤子之心，"穷而志坚，学而不媚"，在国外学成后绝大多数回到了国内。他们既是科学家，又是教育家，为祖国培养了一代又一代的物理学人才。正由于这些科学界的先辈及其后继者的努力，近代物理学才在中国这块曾在古代物理学方面有过卓越贡献的古老土地上，艰难而曲折地成长和发展起来。

早在 1918 年，胡刚复（1892～1966）即从事物理教学活动。他先后在南京高等师范学校、东南大学等 11 所学校任教，是早年回国的留学生中毕生从事物理教学的第一人。20 年代至 30 年代，先后有颜任光（1888～1968）、李书华（1889～1979）、谢玉铭（1893～1986）、饶毓泰（1891～1968）、叶企孙（1898～1977）、萨本栋（1902～1949）、丁西林（1893～1974）、吴有训（1897～1977）、周培源（1902～1993）、严济慈（1900～1996）等物理学家兼教育家。他们的学生以及学生的学生，许多人后来都成了杰出的物理学家。例如胡刚复的学生有吴有训、严济慈、赵忠尧等。又如叶企孙，他的学生有王淦昌、

钱三强、钱伟长、杨振宁等。世界知名物理学家吴大
猷是饶毓泰的学生，而饶毓泰与吴大猷的学生中又有
郭永怀、马大猷等。这样，正像有人形容的是"学有
师承，后继有人"。前辈物理学家们以他们的教学活
动、以他们的言行激励着后人。吴有训在出国深造后
于1926年回国，也曾多年从事物理教学，他在讲学中
曾说过，要"在世界科学史上，让更多的效应和规律
用我们中国人的名字命名！"这代表了一代科学家振兴
祖国科学技术的热切期望，也点燃了当时青年学子们
为国争光的激情。吴有训的这一席话就曾激励了当时
听讲的王淦昌。

从20年代起，中国的学者们就已经开始有了令人
瞩目的杰出成就。

1921年，叶企孙在美国曾和别人一起用X射线精
确地测定了普朗克常数，他的数据在1937年以前是世
界上公认的最准确值。叶企孙还开创了我国的现代磁
学和建筑声学的研究。

1925年，吴有训在美国和康普顿教授一起就康普
顿效应做了一系列实验研究，全面验证了这个效应。
康普顿效应是康普顿教授经长期研究于1922年发现
的，它对波粒二象性的认识和量子理论的发展有重要
意义。吴有训以雄辩的事实无可置疑地证实了康普顿
效应，丰富和发展了康普顿的工作，使康普顿的发现
很快得到国际物理学界的公认，1927年康普顿荣获诺
贝尔物理学奖。有时，人们也称上述效应为"康普顿
—吴有训效应"。

到了 30 年代至 40 年代，中国的一代物理学家成长起来，他们在物理学的许多领域都取得了一系列重要成就，世界科技史上载入了不少中国科学家的名字。由于领域众多，群星璀璨，这里只能特别指出其中某些领域一部分科学家及其主要工作。

1930 年，赵忠尧在研究硬 γ（伽马）射线的吸收系数及其散射的实验中，最早观察到正负电子对的产生和湮没现象。

1935 年，张文裕（1910～1992）师从英国著名物理学家卢瑟福。1936 年他在核反应共振效应方面对放射性磷 30 的形成做了研究。1937 年，他与别人合作发现放射性锂 8 发射 α（阿尔发）粒子等。1946 年，张文裕在吸收介子的云室研究中，有一天忽然发现记录有宇宙线粒子轨迹的胶片上有一些意外电子的轨迹。计算结果表明，它们是由慢负 μ（谬）介子在原子核周围跃迁时放出的辐射引起的。这个发现说明，宇宙线中的介子不是以往所认为的是强相互作用的粒子，而是弱相互作用的粒子，它和有关的核可以成为一个临时的原子。这个关于 μ 子辐射和 μ 子原子的重大发现，使人类对原子和原子核的认识前进了一步，首次突破了卢瑟福－玻尔原子模型，发现了奇异原子，开拓了奇异原子物理研究的新领域。国际物理学界称此发现为"张辐射"和"张原子"。

1936 年，卓越的空气动力学家钱学森在研究了火箭发动机的热力学问题后，写出了关于高速空气动力学的论文。1937 年，他完成火箭发动机喷管扩散角对推力影响的计算。从 1944 年起，钱学森参加研制成"二等兵 A"导弹，后来又研制成功其他几种导弹。他和他的老师世界著名空气动力学家冯·卡门在 40 年代共同提出跨声速流动相似律和高超声速流动的概念，为空气动力学的发展奠定了重要理论基础。1946 年他发展了稀薄气体动力学理论。同年，他与郭永怀（1909～1968）共同提出在跨声速流场中有实际意义的是上临界马赫数（马赫数为流速与当地声速之比），而不是原先被重视的下临界马赫数。这一研究成果对于人类于 1948 年突破"声障"，跨声速飞行获得成功具有重要意义。

1939 年，钱三强（1913～1992）与伊伦·居里合作，以云雾室实验证明铀和钍受中子打击后，产生的周期为 3.5 小时的放射性镧的同位素，它们放射出的 β（贝塔）能谱是相同的，支持了刚被发现的"核裂变"概念。1947 年，钱三强与夫人何泽慧共同发现了铀核受慢中子打击后的三分裂现象，何泽慧还首先观察到四分裂现象。20 年后，他们关于三分裂机制的解释得到物理学界的公认，他们的预言为裂变物理开辟了新方向。

1940 年，力学家钱伟长创始了以三维弹性理论研究板壳的统一的内秉理论。国际上称他提出的有关薄壳的张量方程组以及由之推导出的圆柱浅壳的圆球浅壳方程为"钱伟长方程"。1946 年钱伟长回国，他在1948 年至 1953 年的研究中，第一次用系统摄动法处理薄板大挠度非线性微分方程获得成功，这个方法在国际上公认为是逼近真实而又简捷的解法，被称为"钱伟长法"或"钱伟长摄动法"。

1941年，王淦昌（1907~1998）提出探测中微子的建议。中微子是泡利在1930年为解释β射线谱的连续性而提出的一种假说性的粒子。为证实中微子的存在，当时人们想出的测量方法精度不高，不能提供确凿的证据。王淦昌提出了一个巧妙办法，当时他在遵义，限于物质条件，无法进行他自己提出的实验，便将这设想写成短文寄美国发表。发表后，美国物理学家阿伦据之做了实验，为中微子的存在提供了有力证据。这被认为是1942年世界物理学的重要成就之一。

1947~1950年，金属物理学家葛庭燧在金属内耗研究中奠定了"滞弹性"领域的理论基础，在低频内耗与金属缺陷方面的研究上有突出贡献。这一时期他进行了关于晶粒间界方面的研究。他首创用于低频内耗测量的扭摆，被称为"葛氏摆"，从而推进了国际内耗研究的迅速发展。他发现了晶粒间界的内耗峰，被称为"葛氏峰"，并指出各种滞弹性测量可以彼此换算，提出了晶粒间界无序原子群模型，被称为"葛庭燧晶粒间界模型"，等等。他是金属内耗研究领域的创始人之一，对于我国内耗研究工作的发展和领先地位作出了卓越贡献。

1950年冬，工程热物理学家吴仲华发表了著名论文《叶轮机械三元流动理论》，解决了使各国机械工程师为之兴叹的难题，震动了国际航空界。他的理论对于设计各种先进的叶轮机械和燃气轮机具有极其重要的意义。

1947 年，固体物理学家黄昆提出的关于固体中杂质缺陷导致 X 光漫散射的理论，国际上称为"黄散射"，成为研究晶体微观缺陷的直接而有效的手段。1950 年，他和里斯（后来成为黄的夫人，中文名李爱扶）提出的关于多声子辐射和无辐射跃迁的量子理论，国际上称为"黄—佩卡尔理论"或"黄—里斯理论"，该理论已成为研究固体杂质缺陷光谱和半导体载流子复合的奠基性工作。同年，黄昆又提出分析极性晶体光学振动的方程，被称为"黄方程"。翌年，他又由此推导出晶体中的声子与电磁波耦合振动模式，这成为后来称为极化激元领域的奠基性工作。1947 年至 1951 年他与西德著名学者玻恩合写的《晶格动力学》一书，至今仍是这个领域的经典理论著作。

到中华人民共和国成立前后，中国物理学界已经是人才济济，为以后新中国物理事业的发展奠定了基础。

✎ 中国近代化学的奠基

第一次世界大战期间，帝国主义暂时放松了对我国的控制，我国民族工业一度有较快的发展，自然科学方面也开始了其近、现代研究。化学方面，1916 年成立的地质调查所进行过广泛的化学分析工作。1923 年建立的黄海化学工业研究社主要进行化工研究，特别是海盐利用的研究。1928 年中央研究院成立，设立化学研究所（第一任所长为王琎）。1929 年成立的北平研究院，设有化学研究所和药物研究所。20 年代不少大学设立了化学系。在研究所与大学里都进行了化学研究，不少化学家在大学里面从事教学工作，第一代化学家也是中国化学教育园地的第一代园丁。

为我国化学教育奠基的令人崇敬的化学家们有：无机化学方面的张淮（子高，1886～1976）、戴安邦、程有庆；有机化学方面的杨石先（1896～1985）、曾昭抡（1899～1967）、袁翰青、萨本栋；分析化学方面有高崇熙、王琎（季梁，1888～1966）；物理化学方面有黄子卿（1900～1982）、傅鹰（1902～1979）等。

按照现代化学分类，那时候化学科学的各个领域发展是很不平衡的，有些领域几乎还是空白，不少领域的有关研究也多是一些零星的工作，化学先辈们在极其困难的条件下通过他们的辛勤劳动，为我国的化学打下了初步基础。

无机化学。值得提及的有无机合成及同位素化学。无机合成方面的工作是以工业为先导的，有侯德榜的杰出贡献，我们将在后面专门谈到。同位素化学方面的研究，国际上是从 30 年代开始的，我国化学家于1935 年完成了重水的密度—温度状态图，1936 年提出了地球上重水和重氧水的分布理论等。

有机化学。30 年代为其萌芽阶段，少数高等学校开展了有机分析、有机化合物衍生物制备等方面的工作。中央研究院和北平研究院开展了少量的天然有机物特别是中药有效成分的研究，如麻黄素的药理作用，钩吻和汉防己生物碱的分离和结构分析等，有机合成方面则有雌性甾（zāi，灾）族激素的全合成等。抗日战争至解放战争期间，化学工作者们主要从事药物合成和制备染料的工作，以解救受帝国主义侵略、封锁而缺医少药的病人的痛苦和维护民族染料工业。

庄长恭（1894～1962）是我国有机化学的先驱。他对有机合成，特别是有关甾体化合物的合成，如雌性甾族激素的全合成，以及天然产物结构的研究，如麦角甾醇结构的研究作出了卓越的贡献，有力地推动了多环化合物化学的发展。

曾昭抡在有机化学等方面也有很多贡献，他和胡美合成的对—亚硝基酚已载入有机化学词典。他还测得四氯乙烯的偶极矩为零，乙二酸的偶极矩为4.04D，从而证明前者为对称结构，推断后者为桶形结构。他和他的学生们的研究成果代表了中国二三十年代的化学水平。

黄鸣龙（1898～1974）于1946年在氧化还原反应方面改进了伏尔夫和基希纳的还原法，被称为伏尔夫—基希纳—黄鸣龙法，为国际广泛采用，并写入各国有机化学教科书。

物理化学。它是物理与化学的边缘学科，它大大缩小了这两大基础学科的界限，因而许多学者在这方面的工作往往同时被记载到物理学史与化学史中去。在此分支中，中国的学者们不仅在那些传统领域，如化学热力学、电化和胶体化学，也在一些新领域，如分子光谱、X射线晶体系、量子化学等方面，作出了贡献。

1938年，黄子卿精确地测定了水的三相点为

0.00981 ± 0.00005℃，在当时他的结果是最精确的，曾被国际采用为温度标准数据。1954 年在巴黎召开的国际温标会议再次肯定了他的数据，并以之为标准确定绝对零度为 – 273.15℃。也是在化学热力学方面，曾昭抡与孙承谔曾提出一个计算化合物沸点的公式，欲求某化合物的沸点，只要代入各原子半径即可算出。在分子光谱方面，最早的有饶毓泰和他的学生吴大猷的工作，吴大猷还撰写了我国第一本分子光谱专著《多原子分子的振动光谱及构造》。严济慈等研究了碱金属二原子分子的电子吸收光谱和位能曲线，吴学周（1902 ~ 1983）、柳大纲等测定了若干直线型多原子分子电子光谱，并进行计算力常数与分解能等研究。在量子化学方面，我国学者在 20 年代末就开始应用量子力学讨论分子结构，首先是用变分法解氢分子的薛定谔方程，奠定了共价键的量子力学基础。王守竞（1904 ~ 1984）引进有效电荷作为变分参量，计算出氢分子的离解能，较前人工作有显著改进。

分析化学。中央研究院化学研究所有分析化学项目，所长王琎是我国化学分析的先驱。在工矿机构中研究工作较突出的有黄海化学工业研究社、中华工业化学研究所等。整个这一时期的工作是改进经典分析方法。梁树权的"铁原子量的修订"论文测定的数据，1940 年被国际原子量委员会采用，一直沿用至今。

放射化学。玛丽·居里夫人的第一位中国学生郑大章（？ ~ 1941）于 1934 年回国，给中国带来了放射化学。他受当时北平研究院物理研究所所长严济慈的聘请，参加筹建镭学研究所开展放射化学研究，他和他的助手对镤的定量提取及其载体元素化学的研究取得一系列成果。1938年，郑大章身患重病仍毅然离开日伪控制的北平，到上海继续开展研究，并和他的学生杨承宗从铀盐中制得很强的 β 放射源，发现了 β 射线的吸收系数随放射源周围物质的性质而改变，并由之成为背散射法鉴别不同支持物质及其厚度的原理。卢嘉锡于 1937～1939 年间在英国与他人一起提出一种著名的浓集卤素放射性核素的方法，为定量研究同位素交换动力学创造了条件。

生物化学。这又是一门边缘学科。我国现代生物化学始于 20 世纪 20 年代，最初是个别医学院如北京协和医学院、济南齐鲁大学医学院开始讲授生物化学。1924年吴宪主持协和医学院生物化学系后，开始有生物化学研究。此后各医学院也开了此课并进行研究。少数农学院也有开此课的。上海雷斯德研究所、中央研究院化学研究所、南京中国科学社生物研究所等都设有生化研究室。大学的生化研究所始于 1945 年。当时内迁成都的中央大学医学院，于本年开始招收硕士生。

最后我们专门说一说侯德榜与侯氏制碱法。

侯德榜（1890～1974）福建闽侯（今福州市）人，青年时期就学于福建英华书院，后考入上海铁路学堂，1911年考入清华学堂，1913年赴美留学，入麻省理工学院学习化工，其后在哥伦比亚大学研究院学习并获博士学位。1921年他应实业家范旭东（1882～1945）

的聘请，从事当时为亚洲第一大碱厂天津塘沽永利制碱厂的建设。第二年范又创办了黄海工业社，从此我国的化学工业进入了一个独立自主的新时期。

那时，最先进的制碱法是苏尔维法——氨碱法，其技术秘密为苏尔维集团严格控制着，苏尔维公会形成独霸全球局面。永利最初的工厂设计蓝图是以重金从美国一个"专家"手中购进的。他也是从碱厂偷绘来，只能照猫画虎。而侯德榜在美国学的是制革，为探索苏尔维制碱法的秘密，一切都得自己从头做起。侯德榜以奋不顾身、艰苦创业精神"寝馈于工厂"，刻苦钻研，攻克一个个技术难关，几乎是重新发明，终于打破了外国垄断集团的技术封锁。1924 年 8 月永利碱厂胜利投产。1926 年永利碱厂制成"红三角牌"纯碱，在美国费城万国博览会获得金奖。在范旭东支持下，1932 年侯德榜写成专著《制碱》一书在美国出版，这是当时世界上唯一的制碱工业权威性著作，书中首次公开了苏尔维制碱法的全部秘密，在国际上引起了轰动，为祖国赢得了荣誉。

苏尔维法是以食盐和石灰石为原料，其食盐利用率并不高，差不多丢弃了原料的一半，生产中排出的含有氯化钙和未转化的食盐的废液，造成严重环境污染。1942 年侯德榜研究成功地把苏尔维制碱法与哈伯合成氨法创造性地结合在一起，形成如他自己所说的"联合生产纯碱和氯化铵的连续操作方法"。1943 年 3月，中国化工学会正式将这个方法定名为"侯氏制碱法"。此法不仅食盐利用率大大提高，而且由于不需要开采石灰石和省去了生产中用以处理石灰石原料的各种大型设备，使成本比苏尔维法降低了百分之四十，也解决了环境污染问题。中华人民共和国成立后，我国对此法进行了生产规模设计，并于 60 年代投产。"侯氏制碱法"是我国科技人员在化学工业发展史上的一项重大贡献，在国际上也引起了很大反响。

4　中国地质学家对大地构造学的重大贡献

地质学是中国近代科技事业中成熟较早、成就卓著的一门学科。中国地质学家们作出了许多具有世界水平的独具特色的工作，尤其是在大地构造学方面，从 20 年代初直至 50 年代末先后形成了多个不同的学派，从各个不同的侧面揭示了中国大地构造基本状况和演化规律。

在这里，我们将主要说一说形成于三四十年代的李四光的地质力学和黄汲清的多旋回说。

李四光（1889～1971）字仲揆，湖北黄冈人，是我国卓越的地质学家。他在地质学上的贡献除前已述及者外，最主要也是最突出的贡献是建立了地质力学。他是我国地质学的主要奠基人之一。

地质力学是以力学原理研究地壳构造和地壳运动规律的一门科学。李四光从 1926 年直至 1971 年的工作，使这一学说形成了一个比较严密和完整的理论体系，为大地构造研究开辟了一个新的方向。在全国解放前，地质力学的"框架"已基本完成。

　　还是在 1921 年，李四光在研究中发现中国地质史上这样一个有规律的现象，即每当北方海水退却大陆露出时，南方海水淹没范围就要扩大；而在海水侵入北方大陆时，南方海水又在退却。李四光研究了国外大量资料后进一步发现，北半球普遍存在这种现象。1926 年，李四光在《地球表面形象变迁的主因》论文中，从理论上解释了这种现象。他肯定了魏格纳的大陆漂移说中地壳运动以水平为主的正确主张，总结了自己长期实践的经验和研究成果，提出地球自转速度变化是海水运动和岩石变形等地球表面形象变化的主因，而地球自转速度的变化则受"大陆车阀"自动控制。也就是说，推动地壳运动的力量是在重力控制下地球自转的离心力。他认为地球整体的收缩或其内部重矿物质下沉，会使地球自转速度加快，此时地球自转所产生的离心力增大，地表物质自两极向赤道移动。而离心力的增大，又使地球内部较重物质向地壳表面移动，重新打破地球内部物质分布的相对平衡状态，从而又使地球的质量半径扩张。同时由于剧烈运动产生的摩擦力对地球运动的阻挠，又使地球自转速度逐渐变慢，这就像自动刹车的车阀一样，即所谓"大陆车阀"。转速变慢又使地表物质从赤道向两极移动。接着又进入新的加速过程，如此循环往返。这一学说，为他后来的地质力学奠定了基础。

　　到了 30 年代以后，李四光的学术思想又前进了一步，他根据国内外地质学的新成果建立了"构造体系"

这一地质力学基本概念。他提出"地壳各部分发育的各种地质构造形迹都不是孤立存在的,它们彼此相互依赖、相互制约,构成具有内在联系的统一体",从而形成了各种"构造体系"。李四光把它们归纳为巨型纬向构造体系、经向构造体系和各种扭动构造体系,此外还有新华夏系、华夏系等。构造体系的形成则由经向与纬向水平错动造成,是地应力活动的结果,这力又来自地球的不均匀自转。结合前面的"大陆车阀"说,地壳运动就是在地球自转时快时慢的变化过程中发生和发展着。1945 年,李四光发表了《地质力学基础和方法》一书,正式创立了地质力学这一新学科。

在 40 年代,李四光还发现某些构造体系对矿产分布的控制作用,认识到可以从构造体系的规律性中去寻找矿产分布的规律。到 50 年代,李四光以地质力学为指导,用之于勘探石油与地震地质等,都取得了突出的成绩,这是后话了。

1945 年,中国又一杰出的地质学家黄汲清写成了《中国主要地质构造单位》的论文,并提出了"多旋回说"。

黄汲清(1905～1995),四川仁寿人,是以历史分析法进行中国大地构造研究的奠基人。早在 30 年代,他发表的《中国南部之二叠纪地层》,为二叠纪研究打下良好基础,并因此曾有"黄二叠"之美名。

20 世纪 30 年代,德国地质学家史蒂勒提出过单旋回说,认为地槽发育经下沉、褶皱,直至转化成地台,是节奏性的,这节奏即为旋回。这观点为欧洲许多地质学家所接受。当时已认识的旋回有：前寒武纪旋回、加里东旋回、华力西旋回、阿尔卑斯旋回。据中国老一辈地质学家研究，这些旋回中国也有。黄汲清对单旋回说提出质疑。他采用地槽—地台说，同时吸取了贝特朗的造山循环说，运用历史分析法和建造分析法，系统地对中国及其邻近地区的大地构造进行总结。他进一步分析了中国的前寒武纪、加里东、华力西和阿尔卑斯旋回的主要特征及其分布规律，并把下阿尔卑斯旋回又细分为印支、燕山和喜马拉雅三个旋回，印支旋回是他独创的。他认为所有山脉都是多旋回的，多旋回的造山运动是中国大地构造的特征。他把亚洲东部划分成几个地台，即：中朝地块、扬子地台、塔里木地块和几个地槽褶皱系，即中亚蒙古褶皱系、特提斯—喜马拉雅褶皱系、华南加里东褶皱系。他对太平洋褶皱与特提斯—喜马拉雅褶皱形成的论述与当今流行的板块学说是一致的。

黄汲清的学说不仅概括了中国地质发展的特点，也综合了世界上许多地区的地质实际，对区域调查和找矿有指导作用，受到国内外学者的广泛注意，他的上述著作被认为是亚洲构造研究史上具有划时代意义的经典著作。

林可胜、张锡钧、蔡翘和
中国近现代生理学

中国近代生理学也是随着第二次西学东渐的潮流

传入的。20 世纪第二个十年中，在国外的留学生相继回国，开展了教学与科研活动，打下了一些基础，这是我国生理学的萌芽时期。中国近、现代生理学则是 20 年代中期开始发展的，其后的十余年间是中国生理学的一个兴旺发达期。1926 年至 1935 年期间，学者们在国内发表的生理学论文即达 934 篇，其后因日本帝国主义全面入侵中国，许多科学研究被迫中断或夭折。40 年代则有张香桐等又一代杰出的生理学家开始成长起来。

中国近现代生理学的播种者和奠基人为林可胜、张锡钧、蔡翘、侯宗濂、汪敬熙、沈寯（jùn，俊）淇、林树模等中国第一代生理学家。在这里仅简单说一说林可胜、张锡钧和蔡翘，通过他们的工作大致探视一下中国近现代生理学的一些脉络。

林可胜（1897～1969），祖籍厦门，生于新加坡。8 岁即到英国上学，1919 年毕业于英国爱丁堡大学医学院，第二年获哲学博士学位，1923 年当选为皇家学会爱丁堡分会会员，1924 年到美国进修，在卡尔森教授实验室开展研究。1925 年回国，被美国人选聘为北京协和医学院生理系主任教授。此后 12 年中，他把中国的生理学从萌芽时期迅速推进到近现代水平。1926年，他首先发起并建立了中国生理学会，并创办了具有国际水平的英文版《中国生理学杂志》，于 1927 年出刊，正式与国外进行学术交流，获得显著效果。他在协和率先在中国领土上建立了现代化的生理学实验室，不仅教育协和自己的学生，还培养了大批从各地前来进修的青年，并通过他们把生理学的种子传播到了全国各地。1928年至1930年，林可胜还兼任过成立于1915年的中华医学会会长。抗战爆发后，他投笔请缨，勇敢地参了军，担任救护总队长，率几万救护大军活跃在抗战后方。这期间，他曾赠送给新四军不少药品器材，1938年在长沙还组成4个医疗队，携带医药器材前往延安。1942年，他受国民党迫害，一度被送重庆审查，经宋庆龄等营救，去昆明担任中国远征军卫生总视察。1944年曾任中将衔军医署长，抗战胜利后因不善在官场周旋，愤而辞职"解甲归田"，重回生理实验室。1949年后定居美国，继续生理学研究，直至逝世。

林可胜在学术上，在消化生理学、循环生理学和痛觉生理学三个方面都有杰出成就，特别是在消化生理学方面最突出，是我国近代消化生理学的奠基人。他的主要贡献在胃液分泌的体液控制方面，证明了移植的即完全去除外来神经的小胃，其分泌能被摄食的脂肪所抑制。在自主神经系统的中枢联系方面，他发现了第四脑室的外侧部有增高血压中枢。

著名生理学家张香桐认为，林可胜"在我国现代生理学发展方面所作出的贡献，是史无前例的"。著名生理学家王志均则说，林可胜"是一个传奇人物"，"一个典型创业者，具有极强开拓能力，一个走在时代前面的人"，并改动龚自珍的"但开风气不为师"的诗句，说林先生是"既开风气又为师"。

张锡钧（1899～1988）天津市人，1920年清华学堂毕业，官费留美入芝加哥大学学医，并师从卡鲁森从事生理学研究。1925 年获芝加哥大学附属罗虚医学院医学博士及芝加哥大学生理系哲学博士双博士学位。这一时期他研究甲状腺生理、关于色氨酸与甲状腺活动的关系以及甲状腺对毛发生长的特殊作用、实验性甲状腺机能减退对于胃液分泌的影响等课题。1926 年张锡钧回国，先在协和医院当住院医生，一年后，转入协和医学院生理科，在林可胜教授实验室参加了中国实验生理学的创建和教学研究工作。

1932 年张锡钧去英国戴尔教授处进行研究工作，与盖德姆博士合作，创造了乙酰胆碱定量生理鉴定法，即蛙腹直肌定量测定法。此法价廉、迅速，结果可靠，得到国际生理学界公认。他们的研究表明，乙酰胆碱广泛存在于各种组织中，并测得在交感神经节中具有最高含量，而过去只知在植物中存在。他们并提出，乙酰胆碱可能通过神经节进行正常兴奋的传递作用，这为后来的生理学研究所证实，当时能提出这种看法，颇不简单。当戴尔因神经化学传递的研究于 1936 年获诺贝尔奖后，他说，我的成果是和张君与盖德姆的努力分不开的。

1937 年，张锡钧等首先提出了"迷走神经——大脑垂体后叶反射"的理论，这是生理学中完全由中国人自己发现的一种反射。过去人们认为垂体后叶这一内分泌腺是独立于神经系统之外起作用的，而张锡钧的研究证明，垂体后叶也是受神经支配的。他的理论于 1956 年再次得到法国科学家的证实。

蔡翘字卓夫，广东揭阳县人，1919 年去美国加利福尼亚大学心理系求学，1921 年到哥伦比亚大学，一学期后转芝加哥大学生理系，1924 年获哲学博士学位。在此期间他师从解剖学教授赫立克进行袋鼠脑结构的研究。在研究中他发现中脑被盖中与眼球活动及其他脏腑活动有关的一个神经核区，它提供了视觉与眼球反射关系的解剖基础，1925 年他发表了有关论文。该核区后来被国际神经解剖学界誉为"蔡氏神经核区"，直到 20 世纪 70 年代这一成果还常被国外学者引用。

1925 年蔡翘回国在复旦大学生物学科任教授，1927 年转任上海吴淞中央大学医学院生理学教授，做过甲状腺与钙代谢的研究。1930 年他再次出国，曾在英国研究肝、肌糖原代谢问题。1932 年回国受聘于英国人在上海办的雷氏德医学研究院任生理学研究员。在 1933 至 1937 年间他的研究证明，在安静不麻醉情况下，肝脏能利用食物中蛋白质的分解物以产生糖原，之后又分解为葡萄糖从肝脏输出，经血液循环供身体的需要。抗日战争期间，他再次到中大医学院任职，1948 年以后他研究小血管自动止血机制。

蔡翘于 1929 年著有《生理学》一书，其后又增订改名为《人类生理学》，是当时国内学者自己用中文出版的第一部大学用生理学教科书。他还是受人尊敬的教育家，他在教学和科研中培养了一批又一批的科研与教学人才，童第周、冯德培、徐丰彦、易见龙、吴襄等就是其中的佼佼者。他和张锡钧一时被人们称为"南蔡北张"，享有盛誉。

6 北京猿人·蕨·水杉

20 年代到 40 年代，中国学者们在生物学、古生物学和古人类学方面（在学科划分上一般划入地学），也都取得很多成就。

北京猿人的发现

事情得从 1927 年说起。那年中国地质工作者在周口店的发掘工作中，于 10 月 16 日下午发现了一颗极不寻常的牙齿。经研究被认为是属于"北京中国（猿）人"的，当时在北京协和医学院任教的加拿大人步达生认为这里可能有猿人化石。1928 年，中国地质学家、古生物学家杨钟健（1897～1979）负责周口店的发掘工作，古人类学家、考古学家裴文中（1904～1982）也参加了这项工作。这一年春天发现了一块年轻北京猿人的下颌骨和一块成年北京猿人的下颌骨，上面还保存着 3 颗牙齿。1929 年继续发掘，由裴文中主持。这年春季获得了大批哺乳动物化石，还又发现了几颗北京猿人的牙齿。这一年的 12 月 2 日下午 4 时，终于有了重大发现，发现了北京猿人的第一个头盖骨！

此后，在周口店逐年继续发掘，1935 年起由古人类学家贾兰坡主持发掘工作。1936 年是收获最多的一年。首先获得了北京猿人成年男女残大腿骨 2 件和成年残上臂骨 1 件，以及一个完整的保存有 5 个牙齿的成年人下颌骨和 1 个幼儿门齿。11 月 15 日下午 4 时则发现了一男一女两个成年北京猿人的头盖骨，后来又发现保存得最好的一个成年男性头盖骨。这一年共发现三具头盖骨。1937 年又有猿人上颌骨的发现，此后即因日本的侵华战争，发掘工作完全停止。十分令人遗憾的是，也就在这一期间，被保存于北京协和医院的当时在我国发现的全部人类化石，包括北京猿人化石以及山顶洞人化石等，竟在几个美国人手中弄得下落不明了。直到中华人民共和国成立后在周口店重新发掘，才又有重要发现。

北京猿人一方面保留有猿的特征，同时也具有人的性质。对北京猿人的发现和研究肯定了在"从猿到人"发展过程中的这一中间环节和这环节上的人群的大致生活情况，是有重要意义的。北京猿人的发现是当时震惊世界的重大发现。

蕨类植物研究

中国的植物学家们在植物分类学方面做了许多重要工作，其中秦仁昌（1898～1986）对蕨类植物的研究有着很突出的贡献。蕨类植物是植物王国中数万种隐花植物里默默无闻的一群，但它们成员众多，分布广泛。在中国，现在已经发现的蕨类植物就有 2200 余种，并有许多种、属、科是我国所特有的，因而是世界蕨类植物最丰富的国家之一。关于蕨类植物，虽然我国早在两三千年前即有记载，历代本草亦有收录，但对它进行系统的研究则还是 1926 年从秦仁昌开始的。他首先广泛收集资料，接着先后到过丹麦、瑞典、英国进行学习研究，博采各国研究经验。1932 年他写成《中国蕨类植物志初稿》，总结了 1753 年至 1930 年以来西方植物学家有关中国蕨类植物的全部文献，记载了 11 科 86 属 1200 多种中国蕨类植物。1934 年他受北平静生生物调查所胡先骕教授委托，到江西庐山含鄱口创建森林植物园。此期间他完成了《东亚大陆的鳞毛蕨科的研究》，第一次讲明这群植物的亲缘关系和系统。1938 年，日军进逼九江，庐山被围，秦仁昌到了云南，在丽江玉龙雪山下整七年，重点研究"水龙骨科"。1940 年他发表了《水龙骨科的自然分类》重要论文。他根据水龙骨科的外部形态和内部构造的异同，从蕨类演化规律出发，提出以一个崭新的自然系统来代替传统的分类方法，将水龙骨科分裂成 33 个科 249 属。而按过去英国虎克的分类，世界上差不多有 1 万多种蕨类植物都要划到水龙骨科。秦仁昌的分类方法在近代植物分类学上，被认为是一次革命性的行动，是世界蕨类植物系统分类发展史上的一个巨大突破。

水杉的发现

1941 年 10 月，于铎在四川万县谋道溪（今湖北省利川县谋道溪），看到了一株高大古树，当地农民把它叫做"水杪"，因当时已届深秋，他未能采到完整的标本。1943 年 6 月，王战等去神农架林区考察，过万县时特别予以留意，果然看到了这棵古树，高有 10 丈，周围 2 丈多。他采集了标本，还在附近溪岸旁见到幼树 4 株，山坡上有壮年树 1 株。王战最初以为它是水松，后来经过仔细观察才觉得和水松完全不同。1945 年王战将带果标本请人转给林学家、树木学家郑万钧（1904 ~ 1983）进行研究。第二年郑万钧又派人采集了带花果的标本寄给植物学家胡先骕，经过胡先骕与郑万钧共同定其名为水杉。他们认为这是世上早已绝迹的新生代第四纪的孑遗树种，为我国所特有。这是中国植物学界的一个重大发现。解放后，经过繁育引种，现在沿江诸省都可见到大量的这种美丽古老的树种了。

7 气象科学的进展

20世纪20年代，气象科学的重要分支天气学进入了一门科学的阶段，到了三四十年代，由于欧洲国家气象台站网密度增加，特别是北半球高空气象资料的获得，又有了许多新的发现，建立了若干新的理论，使得气象科学的发展进入了一个新的历史时期。这时在中国气象科学也有了一些相应的进展，主要是在气候学与天气学方面。

气候学。通过我国第一代气象学家们的工作，这一时期对我国的气候区域已经有了轮廓的了解。根据竺可桢（1890～1974）于1931年的研究，将中国气候区划分为八个区，即东北、华北、华中、华南、云南高原、草原、蒙新、西藏。这种划分紧密地结合了自然景观，也接近天气系统。在竺可桢之后又有涂长望的研究，涂长望（1906～1962）曾在英国师从国际著名气象学家沃克学习长期天气预报。1934年他应当时中央研究院气象研究所所长竺可桢电请回到国内，到气象研究所工作。1936年，他把竺可桢的研究向前推进了一步。他在《中国气候区域》一文中，对中国气候区域的划分及各区的特点提出了新的见解。他划分的东北类、华北类、华中类、华南类和竺可桢的划分区别不大，华西类则为云南高原扩大，加上秦岭和原西康山地，蒙古类包括了竺可桢划分的草原区和蒙新区，而把特别多雨的西藏东南部，从西藏区分出来。涂长望还在基本气候区内划分出了副区，这是在竺可桢分类法上的一个重要进步。

天气学。什么是天气学，简单地说是通过对各地观测站气象要素（气压、温度、风等）观测值的收集、整理，然后对其进行综合分析，从而了解和掌握大气运动规律的一门科学。综合分析就需要对引起天气变化、产生各种天气现象的不同天气系统进行研究。那时，中国的气象工作者们于我国的寒潮、气旋、天气类型与气团分析等已有了初步认识。中国长期天气预报的研究是从涂长望开始的，他是这方面工作的开拓者。1937 年他在《中国天气与世界大气的浪动及其长期预告中国夏季旱涝的应用》一文中提出，要研究中国反常天气，进行长期天气预报，必须从世界天气出发，要研究大气活动中心，大气浪动以及海洋环流与温度、降水的关系。他提出了一些预报方程式，当时他的理论研究在中国是开创性的。此后的研究中他还从全世界的气压分布来测定未来东亚的天气趋势和利用高空资料来分析中国的气团，开始对我国大气垂直结构有了了解，开辟了三度空间的中国气象学。

也是在 1937 年，在德国攻读的赵九章（1907 ~ 1968）写成《关于信风带的热力学的研究》一文，他把数学、物理和流体力学的基本原理引进大气科学中来的方法，引起国际气象界的重视。这篇文章，竺可桢称之为新中国成立以前理论气象研究上的最主要的收获。赵九章于1938年回国，成为我国动力气象学的创始人。由于他的努力和引导，加速了我国近代气象科学从定性的描述向定量的计算和分析的转变过程。30年代国外学者揭示了大气长波的存在，并被认为是气象科学发展史上的一个重大事件，但还不能够从理论上解释大气长波的发生和发展。赵九章首先从理论上推导得到大气长波的临界波长，指出由于水平温度梯度的存在，当大气波长大于临界波长时，波动是不稳定的，大气长波能够发展。他推进了大气长波理论的发展。

8 抗日战争前后的冶金、机械工业技术

1928年至1937年间，中国的冶金工业依然处于落后的状况，而机械工业则已基本形成，继续有所发展。但其后经过日本法西斯的侵华战争的劫难，冶金与机械工业都遭到很大摧残，抗战胜利后，冶金工业已处于奄奄一息的境地，机械工业也因诸多原因处于停滞状态。

冶金工业技术

由于帝国主义的掠夺、垄断与控制，中国的冶金工业一直处于相当落后的状态。20年代，更因为帝国

主义转嫁经济危机，许多民族资本钢铁工厂深受其害，先后停办。1925 年，远东最大的钢铁联合企业汉冶萍公司也终因资不抵债而倒闭。到这一年，帝国主义已控制了我国的全部铁矿石生产。进入 30 年代，民族资本的炼钢厂主要有上海新和兴钢厂了。该厂仅有两座十吨小平炉和一台小轧机。其他还有些规模更小的钢铁厂。1933 年，上海大鑫钢厂建一吨电炉两座，是我国最早的炼钢电炉。抗日战争期间，日本帝国主义不仅在东北加强掠夺，在鞍山形成了帝国主义在中国的最大钢铁联合企业，并先后占领了北京、上海、太原的钢铁厂。据统计，1943 年全国 96% 的生铁，99% 的钢全为日本帝国主义所垄断。在国统区，这时在后方建立了大渡口钢厂、资渝钢铁厂、电化冶炼厂、二十四厂等七八座钢铁厂，但规模都不大。抗战胜利后，中国本来很脆弱的钢铁工业，经日本法西斯军队撤退时的破坏，国民党反动派的劫收，解放战争中蒋军败退时的洗劫，到 1949 年解放前夕，生铁产量仅 25 万吨，钢产量 15 万吨，实在少得可怜。有色金属方面仍多为土法采冶，至解放前夕厂矿亦多濒于破产。

从技术上看，当时炼铁设备差、容量小、焦比高、产量低。在沦陷区，日本统治下的高炉技术亦很差，因高炉炼不出低硅生铁，不得不在炼钢前加上一道"预备精炼脱硅"工序。铁合金生产仅能生产少量硅铁、锰铁，而且硅铁含硅量只有 40% ～ 50%，锰铁含碳量很高，给炼钢造成困难（锰铁、硅铁均在炼钢中用作还原剂），基本上炼不出钨铁和纯钨。

炼钢技术亦是如此。抗战时期国统区共有平炉 5 座，最大不超过 15 吨。电炉 15 座，最大才 3 吨。12 座侧吹转炉，容量半吨至 1 吨。当时很难炼出低磷钢，脱氧剂缺乏，硅铁、锰铁很少使用，耐火砖质量竟赶不上天然泡砂石。

轧钢技术则更落后。日本帝国主义为掠夺中国资源，首先是开矿，其次是炼铁、炼钢。于是在设备能力上，采矿最强，炼铁、炼钢其次，轧钢最差。国民党统治区也是这样。据统计，国统区 1942 年生产钢材 3300 吨，1943 年为 30900 吨，多为小型圆钢、扁钢、角钢和轻轨。

总之，当时生产技术落后，产品质量差，品种少，根本无力与进口钢材竞争。

有色金属方面仍多为土法冶炼。

铜：1938 年在四川建电解铜厂，1941 年在昆明设炼铜厂。1940 年电解铜产量最高约 1240 吨，1938 年精铜产量最高约 580 吨。抗战胜利后，全国有 3 个较大炼铜厂矿，厂为东北金属矿业公司沈阳冶炼厂，月产粗铜 120 吨，电解铜 90 吨以上；矿则有台湾金铜矿务局和滇北矿务局。

锑：1939 年最高年产量 19464 吨。

锡：1940 年在云南成立了锡业公司。1938～1943 年，相继在广西、江西建厂矿采炼锡。其中桂林选炼厂能生产锡基合金。1943 年，我国创造了调温结晶法冶炼纯锡成功。方法是：使锡液部分冷凝，先结晶出较纯的锡，并把含杂质较多的锡液从锅底孔洞放至另一铁锅中，经几层阶梯式锅，逐层反复放液，可得纯度99.5％的精锡。

机械制造技术

从1928年到1937年间，机械工业虽仍有所发展，但直到1936年为止，全国机器厂资本额的总和还比不上西方工业化国家的一个大型机器厂的资本额。且设备简陋，以修配为主，材料多依赖进口，价格还受外商控制，工厂多难以维持。

抗日战争开始后，虽有很多工厂内迁，但更多工厂几乎是完整地沦入敌手，机械工业亦然。后方的工业进入战时调整时期，当时因设备、原料进口困难，要靠自己的力量根据需要与可能研究与仿制各种设备，同时抗战也激发了广大工程技术人员的爱国热忱，充分发挥了开拓创造精神，因而在技术方面则有所前进。这时机械工业的仿制能力有所提高，所仿制的设备中有些是过去没有仿制过的，还开发了一些适合需要的新产品。但总的来看还属于技术落后时期。

抗战胜利到全国解放这一段时间，工厂虽又有所调整，但比之抗战时期，进展依然不大，仍不能成套设计制造重型、大型、精密和尖端设备。当时内迁企业返回后一时难以开展生产。对沦陷区工厂，国民党政府是采取劫收政策，加上日本撤退时的破坏和东北地区苏军拆走大部分工厂的重要设备（总计价值约9亿美元），以致很多工厂难以开工。此后，美货倾销，通货膨胀，国民党反动派又发动内战，所有工业包括机械工业的发展都受到严重阻碍。到全国解放时，全国机械工业总计仅有 9 万台机床，基础仍是很薄弱的。下面从几个主要方面来说其技术状况。

机床方面。抗日战争前已能仿制皮带车床、三角筋车床、牛头刨床、龙门刨床、横铣床、立铣床、立式钻床、横臂钻床，还能仿制少数精密机床，以及仿制少数小型锻压、剪切、铸造用机器设备。抗战期间正式成立的中央机器厂（1939，厂长为物理学家王守竞）具有仿制精度较高的机床与工具的能力，如精密铣床及千分尺与齿轮滚刀等，其他机器厂也发展了一些机床和工具产品。到 40 年代末，机械工厂可生产十多种普通机床，少量锻、铸设备及若干种机床工、量、夹具等。

动力机械方面。30 年代，一些较大的机器厂能造100～120 马力的狄塞尔柴油机，1942 年中央机器厂造成 250 马力煤气机，是当时功率最大的国产内燃机（电力设备将另节叙述）。

交通机械方面。30 年代，6% 的铁路机车，59% 的客车和 62% 的货车均为自制，北宁路唐山机车厂、青岛四方机车厂等均有较强的制造能力。1931 年 5 月在沈阳制成中国第一辆汽车，为载重 1.8 吨的货车。当时一些厂家还只是进行组装。30 年代，适应当时石油自给率仅 2% 的情况，发展了多种煤气汽车，以木炭、植物油等作燃料，1935～1937 年间均已达到实用化。抗战期间，汽车的改装组装工作继续取得不少成绩。

其他机械方面。30 年代中期，一些工厂已能制造几十种纺织机械，还能够在设计方面作出许多改进。

此外，30 年代已能制造多种农业机械，玉门的炼油设备也均是自制的。

⑨ 电力、电器工业技术的初步发展

30 年代，电力与电器工业有了初步发展，但不久即因日本帝国主义的全面入侵，也和其他工业一样遭到摧残，直到全国解放前，基础仍相当薄弱。

电力工业技术

1928～1937 年，据 1936 年的统计，关内总发电容量约 63 万千瓦，其中外资占 43.6%。东北三省，据 1929 年统计发电设备容量为 15 万多千瓦，中国人经营的仅 300 千瓦。至 1937 年，全国总发电容量为 104.3 万千瓦。1937 年以后，由于沿海、内地大部地区沦于敌手，发电设备容量陡降。同期，日本在东北为更迅速掠夺中国资源，并为战争服务，进行了较大规模电站建设，东北三省到 1945 年发电容量达 172.8 万千瓦。同年日本投降后，因收复东北和台湾，全国总装机容量为 294 万千瓦。其中东北因苏军拆走了大量电力设备和日军撤退时的破坏，容量迅速下降，到 1949 年东北全境解放后发电容量仅 68 万千瓦。1949 年，全国发电容量总计为 185 万千瓦。

从技术水平上看，火电方面，1949 年前，我国最大火电厂是辽宁抚顺电厂，装机容量 28.5 万千瓦，最大机组容量 5.3 万千瓦。其次是上海杨树浦电厂，装机容量为 25.96 万千瓦，最大机组容量 2.5 万千瓦。

水电方面，国内最大水电站是 1941 年投入运行的由日本人开发的鸭绿江上的水丰水电站，装机容量 63 万千瓦（7 台 9 万千瓦机组），我国与朝鲜各半。关内最大水电站是四川长寿水电站，装机容量 3900 千瓦。至解放时全国共约 60 余座水电站。输电和电网技术方面，1949 年前，最高输电电压为 220 千伏，是日本侵占东北时建成的水丰水电站至大连的线路，全长 347.5 公里。1949 年前国内共有三个电网，即东北电网，华东电网和京、津、唐电网。1949 年装机容量分别为 64.6 万千瓦、57.2 万千瓦、25.9 万千瓦，容量都不大。

电器工业

从 20 世纪初到抗日战争前，中国已建立了电机、变压器、电气开关、电气仪表、电线、照明用具、化学电源、日用电器、电话机、收音机、无线电元器件等多种产品的工厂。

几个民营工厂有较快发展，1919 年创建的华通电气机械厂到 1937 年，主要产品已发展为工业电器、家用电器与铁路电器三大类。1935～1936 年该厂仿制了西门子 33 千伏 600 安高压油开关，为上海电网高压升至 33 千伏立下一功。1936 年华生电器厂为汉口恒顺机器厂制成 500 千伏安、2300 伏、每分钟 500 转的交流三相发电机，是当时国内自行设计制造的最大的发电机。1936 年建的华德灯泡厂的白炽灯泡、充气灯泡和日光灯管，行销国内、香港、东南亚与澳大利亚。从世纪初到 1937 年是中国电器工业的初创时期。

1937～1945 年，电器工业因日本侵华遭受很大损失，首当其冲的是集中于上海的民族资本。华成、华生等内迁后于日本投降后回迁，这时，民族资本稍有重振趋势。这一时期，官办的资源委员会所属工厂则继续建厂，由于资本集中，加强了技术改进，技术力量强，是当时电器工业的主要力量。官办厂经多次调整、组建、内迁，抗战胜利后回迁，又接收日本帝国主义建的部分电器工业，最后形成了中央电工器材有限公司、中央无线电器材公司、中央有线电器公司和电瓷公司。日本侵占东北后，曾建过多家电器工厂，在天津也设立过 10 个电器厂，这些厂技术水平也不高，且技术为日本人所垄断。日本投降后，东北厂家大部分设备或为日军所破坏或为苏军拆运至苏联，最后能利用的往往只是旧厂房。

此后，1946 年国民党反动派又发动内战，时局不安定，加上美货倾销，通货恶性膨胀，电器工业也受到阻碍与冲击，进展很慢。

下面我们从电器工业的几个主要门类的主要产品来看当时的大致技术水平。

发电和动力设备。火电设备：40 年代初资源委员会所属中央机器厂曾仿制过两套 2000 千瓦的中压机组，是中国制造火电设备的最早尝试。1945 年又从美国西屋公司引进了 10 万千瓦以下汽轮发电机组的制造技术，但这两次引进均未形成生产能力。

水电设备：纪延洪继 1927 年制成我国第一台水轮机后又研制了最高功率为 132 千瓦立轴混流式水轮机，以及单喷嘴、双喷嘴冲击式水轮机。30 年代至 40 年代先后有邓治安、颜耀秋等分别研制出螺旋桨式以及卧轴混流式水轮机。1942 年吴震寰研制出 1000 马力卧轴混流式双转轮水轮机，由重庆民生机器厂制造，安装在四川长寿电站，1944 年投入运行。1943 年至 1944 年昆明中央机器厂王守泰曾研制 150 千瓦以下水轮机，他还提出了混流式水轮机系列化方案，1943 年为四川大竹卧佛寺电站和云南某电站制造了两台 30 千瓦的中国最早的转桨式水轮机。与水轮机配套的发电机有，1941 年中央电工四厂将一台变频电机改装成 1940 千伏安、6900 伏发电机，用两台 1000 马力水轮机夹持传动，装在四川仁寿，这是中华人民共和国建立前改制的最大容量发电机。中央机器厂则制造过 150 千瓦、每分钟 600 转的发电机。

内燃发电机组：因燃料供应趋紧诸多原因，除了昆明中央机器厂在 1942 年至 1945 年曾制造出当时国内最大的 250 马力煤气发电机组之外，没有什么新的发展。

化学物理电源：1949 年以前只能生产数量不多的锌锰干电池、锌空气电池和汽车启动用的蓄电池等。

输、变电以及配电设备。这一时期生产各种变压器较多，而高压电器产量很少，技术也弱，低压电器也多是不成系列的单个小容量产品。最早制造变压器的有华生、华通等厂。1927 年建的资委会属电机制造厂于 1936 年已生产出单台容量达 300 千伏安，电压等级为 13.2/6.6 千伏的变压器。抗战胜利后，中央电工器材厂有 7 个分厂，生产变压器的有上海、沈阳、昆

四　从中央研究院到中国科学院（1928～1949 年）

141

明、湘潭和天津 5 个分厂。当时，全国变压器的最高年产量为 146680 千伏安，1947 年单台容量最大为 2500 千伏安。

用电设备。这方面主要有电动机、家用电器与电光源等。其他如电炉、电动工具等均微不足道，后者只是 40 年代有一家小厂仿制过电钻，不久即停产。

电动机：国内仅生产中小型电机，当时大型电机均进口。

家用电器：主要有风扇。华生厂电扇 1949 年最高年产量 5 万台。电器附件如胶木灯头、插座等于 1919 年开始生产，用进口胶木粉。1939 年开始生产电熨斗、电烙铁等。照明灯泡因需求量较大，1949 年全国已有 8 家灯泡厂。

其他如电瓷、线缆材料、绝缘材料等亦有生产。

据统计，1938 年至 1948 年累计生产了发电机 69077 千伏安，电动机 17231 马力，变压器 303770 千伏安，发电设备最大容量 2000 千瓦（1939，中央机器厂），水力发电设备最大容量 1500 千瓦（1942，民生机器厂与中央电工四厂），变压器最大容量为 8000 千伏安，3.3/6.6 千伏，自耦（1948，中建公司），电动机最大容量 300 马力，四极（1945，公用电机厂）。新中国的电器工业就是在这一薄弱基础上起飞的。

10 曲折发展的农业科技

在 1928 年到 1949 年间，不仅战火连绵，而且天灾频仍，紧密与土地联系的农业更易于受到这些灾祸的影响，农业生产力不断遭到严重破坏，农业经济连年衰退。这一时期的农业科技还是传统科技与近代科技并存，两者交叉发展。30 年代的农业试验研究较 20 年代虽然取得了一些进展，但不久即因日本侵略，大片国土沦丧，许多项目难以继续开展，这时只是在西南和西北地区加强了推广工作。抗战胜利后在国统区农业科技很少成就，而在解放区因重视发展农业生产和农业科技推广，农业科技上有显著进步。

下面我们仅从良种选育、土壤肥料、园艺科技与农田水利几个侧面看看这一时期的农业科技工作。

良种选育。1931 年，中央农业试验所成立，对稻、麦、棉的良种选育都做了不少工作，还聘请了美国育种专家洛夫来华指导。水稻方面，在 1933 年至 1937 年间，中央试验所曾按洛夫的方法进行纯系育种，后发现此法并不适于水稻，还是我国著名学者丁颖教授根据自己的实践，提出了符合国情行之有效的水稻育种方法。此期间也曾育成不少良种。小麦方面，1932 年中央试验所曾在洛夫指导下，在 8 个省区 39 处进行小麦区域试验。1936 年更改实验计划在 11 省 35 处继续试验。1935 年从国外引进一个抗倒小麦品种与"金大 2905"杂交，育成"中农 28"良种。棉花方面，聘洛夫为总技师，1931 年～1936 年进行全国中美棉区域试验，经几年努力，选出适于黄河流域栽培的"斯字棉"及适合于长江流域的"德字棉"。抗战期间，北方麦区，长江中下游稻区相继沦陷，使育种事业遭受严重打击，主要只在西南进行。这时期主要是进行良种推广，增产显著。

土壤肥料。这一时期提出并贯彻肥料方面的"三为主"方针，即有机肥料为主化肥为辅，化肥中以硫酸铵为主，施用化肥的作物中以水稻为主。在肥料积制方面，30 年代的浙大农学院刘和教授与助教官熙光，发明了一种活化有机肥料新法，1934 年获实业部专利。1936 年中山大学农学院彭家元教授与助教陈禹平，曾分离出被命名为"平元菌"的细菌，可分解纤维质，促进堆肥腐熟，效果很好。中央农业试验所还曾在 14 个省区选取了 68 个地点，进行肥料三要素地力试验。土壤研究方面主要是进行土壤调查与土壤分类研究。1937 年梭颇曾据土壤调查资料主编了《中国之土壤》一书。1942 年，李庆逵、朱莲青、马溶之、熊毅、侯光炯等，曾对此书作补充，另有《中国之土壤概述》一书出版，中国的土壤分布情况至此就已很清楚了。

园艺科技。1928 年至 1937 年，在蔬菜杂交育种的理论和技术上都取得进展，引进栽培的蔬菜，有多种甘蓝、花椰菜、番茄等，是这时的重要成就。此外，还进行了传统名、优、特种蔬菜，如白菜、竹笋、茭白、莲藕、荸荠、慈姑、苋菜、金针菜、榨菜、雪里红等的选育提纯工作。在果树方面，抗战前选育出一批适合各地风土条件的优良果树品种，育成上百种果树新品种，并总结出一套系统的育种理论，提出变异纯系育种、芽条变异育种和杂交育种三种基本方法。这时以苹果为例，即已育成红魁、黄魁、黄香蕉、青香蕉、红香蕉、红玉、国光等 10 多个品种。抗战期间，蔬菜方面主要是作推广，果树方面是对西南地区的果树进行了实地调查。

农田水利。农田水利是水利的一个重要组成部分，和水利在总体上技术上是密不可分的。这一时期由于政治上的黑暗，经济的衰竭，江河缺少治理，已根本无水利可言。30 年代从松花江、辽河、华北平原到黄河、长江，从北到南连年水患不断，还有国民党军 1931 年乘灾掘堤水淹洪湖苏区，1938 年炸开花园口黄河大堤的人为破坏更令人痛心。这一切使得农田水利也无从谈起。然而在这时也还有李仪祉兴建关中泾惠渠，在农田水利方面的努力颇足称道。李仪祉（1882～1938）名协，字仪祉，陕西省蒲城县人，1909 年去德国皇家工程大学学习土木工程，并考察欧洲一些国家的水利。1915 年回国在南京河海工程专门学校任教。1922 年任陕西水利局长，次年倡议疏浚了泾阳龙洞渠，还呼吁兴建泾惠等灌区，但收效甚微。1928 年至 1930 年，陕西连续三年大旱，赤地千里，饿殍载道。1930 年李仪祉重回陕西主持水利工作，在杨虎城等人支持下，当年由李仪祉主持开始兴建泾惠渠，1932 年建成，至 1935 年，灌溉面积已达 59 万亩，1939 年更增至 65 万亩。这是我国第一座应用近代技术建设的大型灌溉工程。其后洛惠渠、渭惠渠亦于 1934、1935 年开工，相继又有各个灌渠修建。李仪祉在近代水利史上是值得大书一笔的。

总起来说，尽管发展不平衡，也颇多曲折，这一时期的农业科技仍取得了一些成绩。但直到 40 年代末，近代农业科技的应用与推广的范围还很有限，和我国这样一个农业大国很不相称。

11 革命根据地的科学技术

土地革命、抗日战争直至解放战争时期，中国共产党创建过大大小小许多革命根据地（抗日战争后期和解放战争时期习惯上称解放区）。根据地或解放区处于敌人分割、包围的战争环境，条件极为艰苦，几乎完全没有工业基础，近代科学的发展也极为困难。但是共产党的领导者们十分重视科技的作用，为应用与发展科技作出了很大努力。在土地革命时期曾开办过修造军械的小兵工厂、医院，建立过培养医护人员的卫生学校等。到延安时期，不仅注意发展工、农业技术，还充分重视了科技教育和科学研究。

以下从几个主要方面来看从抗日根据地到解放区的科技简况。

工业技术方面

红军到达陕北后，即开始办工厂，以后又进行地质调查（1941），开发延长油田（40 年代后），建瓦窑堡西北铁厂（1945）和以马兰草造纸等。到抗日战争胜利前后已经创办一批工矿企业。陕甘宁边区先后有了兵工厂、机器厂、农具厂、纺织厂、通信器材厂、炼油厂、炼铁厂、制药厂、印刷厂、造纸厂、造币厂以及火柴、制革、玻璃陶瓷业、基本化学工业等 80 多个大小工厂。解放战争时期，在华东、东北等解放区，随着军队的前进，城市的解放，也先后有了许多工业。我们着重说一下其中的机械制造与电器工业技术。

机械制造。1935 年红军到达陕北后，在瓦窑堡创建了红色兵工厂，1938 年迁安塞茶坊镇后改称陕甘宁边区机器厂，厂长李强。关于这个厂，应特别提到沈鸿。1937 年 9 月，在沿海工厂内撤时，他带领了 7 名青工，将他于 1931 年在上海创建的利用五金厂的包括车、钻、刨、铣等 10 台机床设备迁往武汉，经介绍与八路军办事处接洽，又辗转迁往陕北，于 1938 年 1 月到达，随后进入茶坊机器厂，沈鸿任工程师和总设计师。抗日战争期间，他和其他技术人员主持制造成套的小型机床（车床、铣床、刨床、钻床、六角车床）以及其他多种通用、专用设备与器械（如砂轮机、压药片机、印刷机、铸字机、医疗器械……），装备了前面说到的边区许多工厂和医院。

电器工业。解放区的电器工业是从制造军事通信器材开始的。1938 年在延安建立通信材料厂，至 1946年该厂已能生产 15～500 瓦收发报机、携带式电台和固定式较大功率发射机、4 灯收讯机及锌锰干电池等。除该厂外，抗日战争和解放战争期间还在晋冀鲁豫、晋察冀、东北、山东、晋绥等革命根据地建立过 8 个电信器材厂。

华东地区，1948 年建华东军区电器总厂，由胶东军区电器厂（1946，前身为 1940 年建的山东军区理化研究室）、滨北后方材料厂（1946）和渤海军区材料股合并而成。总厂下设 3 个分厂一个矿。分厂分别在博山、五龙和济南，可修造手摇发电机，制造干、蓄电池，修造发报机、电话总机及无线电器材。一矿为云母矿，生产云母绝缘制品。1949 年总厂撤销成 3 个厂，即山东电机厂、山东电池厂和山东电器修造厂。

东北地区，1946 年在东安市（今密山县）建成通信材料厂，1948 年名为"东北军区军工部直属二厂"。主要产品有无线电收发报机、收发报机配套用的手摇发电机和干电池、有线电话单机和总机等。1948 年 11 月东北全境解放，直属二厂分批迁沈阳按专业分别与刚接管的电器工厂合并。1949 年成立东北电工局，下属 13 个厂，产品已有无线电、有线电器材及仪表、电机、变压器、电线电缆、蓄电池、干电池、灯泡、电瓷、电工专用设备等。

农业技术方面

抗日战争与解放战争期间，为打破敌人的封锁与围攻，争取战争的胜利，解放区（主要是陕甘宁边区）在毛泽东的"自己动手，丰衣足食"的号召下曾开展过轰轰烈烈的大生产运动，重视农业科技的进步特别是农技推广，提倡精耕细作，重视选种育种，注意改良土壤、培肥地力以及防治病虫害等。在农田水利方面，1939 年曾在延安附近兴修一处可灌田 1500 亩的新式水利工程——排庄水利工程。此外，还进行家畜改良。陕甘宁边区 1942 年研制了牛瘟血清疫苗，1945 年有计划地制造了牛瘟血清。1946 年晋察冀边区分离猪瘟病毒成功。1947 年试制了猪瘟血清。

以上这些，对促进农业生产的发展起了重要作用。

科技教育与科学研究方面

科技教育，仅举两例：

一是中国医科大学，该校历史可追溯到井冈山时期。1931 年 11 月 20 日在江西瑞金创办了红军军医学校，后历经长征到陕北，几经辗转沿革，最后于 1945 年迁往东北，沿途接收了伪蒙疆张家口医学院，到兴山市（鹤岗）后又与东北军医大学合并为中国医科大学，该校十余年间先后为军队和地方培养出了大量医务人员。

二是延安自然科学院，该院成立于 1938 年 5 月，初为研究机构，1941 年后则以教育为主兼顾研究，这是中国共产党办的第一个理工大学。该校 1941 年设物理、化学、生物、地矿四系，1943 年调整为机械工程、化学工程和农业三个系。后来的一些国家领导人当时曾就读于该学院。

学会方面，1940 年 2 月 5 日，陕甘宁边区自然科学研究会成立，吴玉章任会长，下设 9 个专业分会。还先后成立了国防科学社、国医研究会等。

根据地的科技工作曾为争取抗日战争与解放战争的胜利提供了有力的后勤保障。但总的来说，其主要贡献不在于提供科学技术基础，而是为新中国培养了有实践经验的领导与技术管理骨干，对于新中国的科技与工农业的迅速发展，无疑有着很大影响。

《中国史话》总目录

系列名	序号	书　名	作　者	
物化历史系列（28种）	30	石器史话	李宗山	
	31	石刻史话	赵　超	
	32	古玉史话	卢兆荫	
	33	青铜器史话	曹淑芹	殷玮璋
	34	简牍史话	王子今	赵宠亮
	35	陶瓷史话	谢端琚	马文宽
	36	玻璃器史话	安家瑶	
	37	家具史话	李宗山	
	38	文房四宝史话	李雪梅	安久亮
制度、名物与史事沿革系列（20种）	39	中国早期国家史话	王　和	
	40	中华民族史话	陈琳国	陈　群
	41	官制史话	谢保成	
	42	宰相史话	刘晖春	
	43	监察史话	王　正	
	44	科举史话	李尚英	
	45	状元史话	宋元强	
	46	学校史话	樊克政	
	47	书院史话	樊克政	
	48	赋役制度史话	徐东升	
	49	军制史话	刘昭祥	王晓卫
	50	兵器史话	杨　毅	杨　泓
	51	名战史话	黄朴民	
	52	屯田史话	张印栋	
	53	商业史话	吴　慧	
	54	货币史话	刘精诚	李祖德
	55	宫廷政治史话	任士英	
	56	变法史话	王子今	
	57	和亲史话	宋　超	
	58	海疆开发史话	安　京	

系列名	序号	书名	作者
交通与交流系列（13种）	59	丝绸之路史话	孟凡人
	60	海上丝路史话	杜 瑜
	61	漕运史话	江太新 苏金玉
	62	驿道史话	王子今
	63	旅行史话	黄石林
	64	航海史话	王 杰 李宝民 王 莉
	65	交通工具史话	郑若葵
	66	中西交流史话	张国刚
	67	满汉文化交流史话	定宜庄
	68	汉藏文化交流史话	刘 忠
	69	蒙藏文化交流史话	丁守璞 杨恩洪
	70	中日文化交流史话	冯佐哲
	71	中国阿拉伯文化交流史话	宋 岘
思想学术系列（21种）	72	文明起源史话	杜金鹏 焦天龙
	73	汉字史话	郭小武
	74	天文学史话	冯 时
	75	地理学史话	杜 瑜
	76	儒家史话	孙开泰
	77	法家史话	孙开泰
	78	兵家史话	王晓卫
	79	玄学史话	张齐明
	80	道教史话	王 卡
	81	佛教史话	魏道儒
	82	中国基督教史话	王美秀
	83	民间信仰史话	侯 杰
	84	训诂学史话	周信炎
	85	帛书史话	陈松长
	86．	四书五经史话	黄鸿春

系列名	序号	书名	作者	
思想学术系列（21种）	87	史学史话	谢保成	
	88	哲学史话	谷 方	
	89	方志史话	卫家雄	
	90	考古学史话	朱乃诚	
	91	物理学史话	王 冰	
	92	地图史话	朱玲玲	
文学艺术系列（8种）	93	书法史话	朱守道	
	94	绘画史话	李福顺	
	95	诗歌史话	陶文鹏	
	96	散文史话	郑永晓	
	97	音韵史话	张惠英	
	98	戏曲史话	王卫民	
	99	小说史话	周中明	吴家荣
	100	杂技史话	崔乐泉	
社会风俗系列（13种）	101	宗族史话	冯尔康	阎爱民
	102	家庭史话	张国刚	
	103	婚姻史话	张 涛	项永琴
	104	礼俗史话	王贵民	
	105	节俗史话	韩养民	郭兴文
	106	饮食史话	王仁湘	
	107	饮茶史话	王仁湘	杨焕新
	108	饮酒史话	袁立泽	
	109	服饰史话	赵连赏	
	110	体育史话	崔乐泉	
	111	养生史话	罗时铭	
	112	收藏史话	李雪梅	
	113	丧葬史话	张捷夫	

系列名	序 号	书 名	作 者	
	114	鸦片战争史话	朱谐汉	
	115	太平天国史话	张远鹏	
	116	洋务运动史话	丁贤俊	
	117	甲午战争史话	寇 伟	
	118	戊戌维新运动史话	刘悦斌	
	119	义和团史话	卞修跃	
	120	辛亥革命史话	张海鹏	邓红洲
	121	五四运动史话	常丕军	
	122	北洋政府史话	潘 荣	魏又行
	123	国民政府史话	郑则民	
近代政治史系列（28种）	124	十年内战史话	贾 维	
	125	中华苏维埃史话	温 锐	刘 强
	126	西安事变史话	李义彬	
	127	抗日战争史话	荣维木	
	128	陕甘宁边区政府史话	刘东社	刘全娥
	129	解放战争史话	朱宗震	汪朝光
	130	革命根据地史话	马洪武	王明生
	131	中国人民解放军史话	荣维木	
	132	宪政史话	徐辉琪	付建成
	133	工人运动史话	唐玉良	高爱娣
	134	农民运动史话	方之光	龚 云
	135	青年运动史话	郭贵儒	
	136	妇女运动史话	刘 红	刘光永
	137	土地改革史话	董志凯	陈廷煊
	138	买办史话	潘君祥	顾柏荣
	139	四大家族史话	江绍贞	
	140	汪伪政权史话	闻少华	
	141	伪满洲国史话	齐福霖	

系列名	序号	书 名	作 者
近代经济生活系列（17种）	142	人口史话	姜 涛
	143	禁烟史话	王宏斌
	144	海关史话	陈霞飞 蔡渭洲
	145	铁路史话	龚 云
	146	矿业史话	纪 辛
	147	航运史话	张后铨
	148	邮政史话	修晓波
	149	金融史话	陈争平
	150	通货膨胀史话	郑起东
	151	外债史话	陈争平
	152	商会史话	虞和平
	153	农业改进史话	章 楷
	154	民族工业发展史话	徐建生
	155	灾荒史话	刘仰东 夏明方
	156	流民史话	池子华
	157	秘密社会史话	刘才赋
	158	旗人史话	刘小萌
近代中外关系系列（13种）	159	西洋器物传入中国史话	隋元芬
	160	中外不平等条约史话	李育民
	161	开埠史话	杜 语
	162	教案史话	夏春涛
	163	中英关系史话	孙 庆
	164	中法关系史话	葛夫平
	165	中德关系史话	杜继东
	166	中日关系史话	王建朗
	167	中美关系史话	陶文钊
	168	中俄关系史话	薛衔天
	169	中苏关系史话	黄纪莲
	170	华侨史话	陈 民 任贵祥
	171	华工史话	董丛林

系列名	序号	书名	作者		
近代精神文化系列（18种）	172	政治思想史话	朱志敏		
	173	伦理道德史话	马勇		
	174	启蒙思潮史话	彭平一		
	175	三民主义史话	贺渊		
	176	社会主义思潮史话	张武	张艳国	喻承久
	177	无政府主义思潮史话	汤庭芬		
	178	教育史话	朱从兵		
	179	大学史话	金以林		
	180	留学史话	刘志强	张学继	
	181	法制史话	李力		
	182	报刊史话	李仲明		
	183	出版史话	刘俐娜		
	184	科学技术史话	姜超		
	185	翻译史话	王晓丹		
	186	美术史话	龚产兴		
	187	音乐史话	梁茂春		
	188	电影史话	孙立峰		
	189	话剧史话	梁淑安		
近代区域文化系列（一种）	190	北京史话	果鸿孝		
	191	上海史话	马学强	宋钻友	
	192	天津史话	罗澍伟		
	193	广州史话	张磊	张苹	
	194	武汉史话	皮明庥	郑自来	
	195	重庆史话	隗瀛涛	沈松平	
	196	新疆史话	王建民		
	197	西藏史话	徐志民		
	198	香港史话	刘蜀永		
	199	澳门史话	邓开颂	陆晓敏	杨仁飞
	200	台湾史话	程朝云		

《中国史话》主要编辑
出版发行人

总 策 划　谢寿光　　王　正

执行策划　杨　群　　徐思彦　　宋月华

　　　　　　梁艳玲　　刘晖春　　张国春

统　　筹　黄　丹　　宋淑洁

设计总监　孙元明

市场推广　蔡继辉　　刘德顺　　李丽丽

责任印制　岳　阳